JN320316

輸送包装の基礎と実務

斎藤勝彦・長谷川淳英

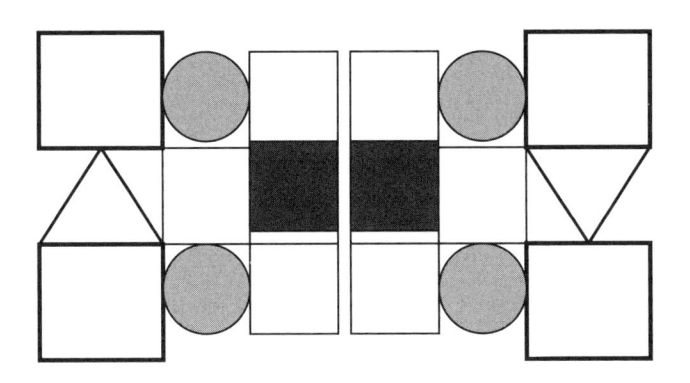

幸書房

【著者紹介】

斎藤勝彦（さいとう　かつひこ）

    1961年　佐賀県生まれ
    1987年　神戸商船大学大学院商船学研究科修了後，同大学助手
    1991年　大阪大学論文博士（工学）
    1994年　英国にて在外研究（日本学術振興会特定国派遣）
    1995年　神戸商船大学助教授
    2003年　神戸大学大学院自然科学研究科助教授
    2006年　神戸大学大学院海事科学研究科教授，現在に至る

〈著　書〉

「包装の事典」（共著，朝倉書店，2001），「輸送・工業包装の技術」（共著，フジ・テクノシステム，2002），「輸送包装の科学」（単著，日本包装学会，2004），「海上貨物輸送論」（共著，成山堂書店，2008），他研究論文約150編

長谷川淳英（はせがわ　きよひで）

    1944年　和歌山県生まれ
    1969年　大阪府立大学大学院修士課程卒業
    同　年　日立製作所㈱入社
    1990年　日立物流㈱に移籍
    2004年　日立物流を退社し，長谷川技術士事務所設立
    現　在　技術士(経営工学部門)，包装学会理事，日刊工業新聞社包装技術学校副運営委員長，日本ロジスティクスシステム協会物流管理士講座委員と講師，他

〈著　書〉

「包装技術便覧」（共著，日本包装技術協会，1995），「包装の事典」（共編著，朝倉書店，2001），「輸送・工業包装の技術とその応用の実際」（フジ・テクノシステム，1999）

まえがき

　はじめて輸送包装技術担当になった方々は，とりあえず分厚い便覧や技術ハンドブックを引っ繰り返して，少しでも自分が必要とする事例に近く，すぐに利用できそうな情報を得ようとされる場合が少なくありません．また，輸送のための緩衝包装設計は，経験だけで対応することも可能ではあるのですが，そのような方法では，今後ますます重要性を増していくであろう，環境問題や資源保護，コスト低減などのいろいろな要求に適切に対応することは難しく，その技術者がリタイアした後，次の世代に包装設計技術を伝承することも難しいといわざるを得ません．次世代へ受け継がせるべき事項は，暗黙知と形式知と呼ばれる2つの形態で蓄積されていますが，他の技能的側面の強い分野と同様に，輸送包装についても，暗黙知の形態で受け継がれてきた個別技術の割合が非常に多いのではないでしょうか？　それらは，決して暗黙知としてではなく，形式知として整理・情報交換され，そしてさらに「上のレベルの技術」が希求されていくべきです．

　本書では，特に輸送包装の実務を技術的な段階を踏んで学んでいこうとするときに，初めに手にとって欲しい「入門書・教科書」を目指しています．従って，誰もが手に入りやすい価格で提供できるように，輸送包装技術の基礎的事項について，記述内容を絞り込んでいます．

　輸送包装では，物理的損傷つまり「ハザードとしての力」が，非常に重要なターゲットである一方で，輸送包装をこれから学ぼうとする方々の多くが「力学が苦手」であることも事実です．本書によって「納得できるまで学習」をしてください．基礎編（1～3章）では，力を，静荷重，衝撃，振動に分けています．当然，ある程度の初等力学や数学的素養が必要です．式の確認作業は決して妥協せず，参考文献などを手助けにしながら行って下さい．基礎編で記述している内容は，実務編（4～8章）で記述されている内容の背景を理解するための，そして何より過去の事例に当てはまらない「新しい

製品の輸送包装」を開発していく上での「最低限の理論」です．それを「理解」のレベルにとどまらず，「習得」し，そして次に続く人たちに自分なりの言葉で伝え，解説できるように「習熟」され，さらにいろいろな局面でそれらを「駆使」し，「あっと驚くような包装」を世の中に発表していただくことを願っています．

　実務編ではまず，製品の強度評価や輸送環境の計測と解析など，緩衝包装設計のために必要となる周辺知識について整理しました．次に，実際の緩衝包装設計を行う上で必要となる基本的な手法や手順を解説するとともに，緩衝設計計算事例を示すことにより，実作業の理解を助けるよう配慮しました．実際の緩衝包装設計や輸送試験では，ここに記載しきれなかったノウハウに属する情報がいろいろありますが，実務に就いた際にOJTの形で理解するほうが身に付いた知識となるので，読者の研鑽を期待しています．

　なお基礎編の内容は，これまで著者の一人が，神戸大学海事科学部および大学院海事科学研究科で行ってきた輸送包装に関する講義，演習，実験，ゼミ等での資料をまとめ，大幅に加筆訂正したものです．また，実務編の内容は著者の一人が，これまで講演や論文・資料として発表してきた内容を整理し，新たに情報を追加して書き下ろしたものです．本著の内容に関して，関係各位の貴重なご助言を賜ることができれば幸いです．最後に，神戸大学輸送包装研究室の大学院生である松浦和司君には，本書の編集作業等においてご助力いただいたことに対しお礼申し上げます．

平成20年8月

斎藤勝彦
長谷川淳英

目　　次

1章　静　荷　重 ……………………………………（斎藤勝彦）…… 1
　1.1　概　　説 …………………………………………………………… 1
　1.2　静荷重の分類 ……………………………………………………… 1
　　1.2.1　荷重方向による分類 ………………………………………… 1
　　1.2.2　荷重の分布状態による分類 ………………………………… 2
　1.3　応力とひずみ ……………………………………………………… 3
　　1.3.1　応　　力 ……………………………………………………… 3
　　1.3.2　ひ ず み ……………………………………………………… 3
　　1.3.3　フックの法則 ………………………………………………… 4
　　1.3.4　演　　習 ……………………………………………………… 5
　1.4　緩衝材の静圧縮 …………………………………………………… 6
　　1.4.1　圧縮によるエネルギーの蓄積 ……………………………… 6
　　1.4.2　緩衝効率と緩衝係数 ………………………………………… 7
　　1.4.3　演　　習 ……………………………………………………… 9

2章　衝　　撃 ………………………………………（斎藤勝彦）…… 11
　2.1　線形バネ・質量系の落下衝撃 …………………………………… 11
　2.2　落下高さ解析 ……………………………………………………… 14
　2.3　衝撃応答スペクトル ……………………………………………… 16
　2.4　等 価 落 下 ………………………………………………………… 20
　2.5　衝撃易損性 ………………………………………………………… 21

3章 振動 ……………………………………（斎藤勝彦）…… 25

3.1 単振動 ……………………………………………………… 25
3.2 自由振動 …………………………………………………… 27
3.3 強制振動 …………………………………………………… 29
3.4 不規則振動 ………………………………………………… 33
3.5 フーリエ展開 ……………………………………………… 35
3.6 スペクトル解析 …………………………………………… 38
3.7 振動易損性 ………………………………………………… 39

4章 緩衝包装設計のコンセプトと設計フロー ……………（長谷川淳英）…… 43

4.1 緩衝設計の考え方 ………………………………………… 43
　4.1.1 緩衝設計の基本ステップ …………………………… 43
　4.1.2 緩衝設計のポイント ………………………………… 46
　4.1.3 その他の注意事項 …………………………………… 50
4.2 緩衝設計手順 ……………………………………………… 51
4.3 緩衝設計計算のフローチャート ………………………… 51

5章 内容品の強度特性評価 ……………………（長谷川淳英）…… 55

5.1 製品の強度特性 …………………………………………… 55
5.2 製品の耐衝撃強さ ………………………………………… 55
　5.2.1 製品の耐衝撃強さに関する基礎知識 ……………… 55
　5.2.2 製品の耐衝撃強さの測定方法 ……………………… 57
　5.2.3 耐衝撃強さ測定時の注意事項 ……………………… 59
　5.2.4 試験方法 ……………………………………………… 64
5.3 製品の振動特性 …………………………………………… 65
　5.3.1 計測すべき振動データ ……………………………… 65

  5.3.2 製品の振動特性の測定方法 …………………………………… 67
 5.4 製品の耐圧縮強さ ………………………………………………… 68
  5.4.1 製品耐圧縮強さの基礎 ……………………………………… 68
  5.4.2 製品の耐圧縮強さ試験 ……………………………………… 70
  5.4.3 製品のクリープ試験 ………………………………………… 71

6章 輸送環境解析 …………………………… (長谷川淳英) …… 75

 6.1 輸送環境の計測 …………………………………………………… 75
 6.2 輸送環境調査の考え方 …………………………………………… 76
  6.2.1 荷扱い中の衝撃 ……………………………………………… 77
  6.2.2 輸送機関の荷台振動 ………………………………………… 84
  6.2.3 温湿度 ………………………………………………………… 91
 6.3 衝撃データの解析 ………………………………………………… 92
  6.3.1 落下高さの解析 ……………………………………………… 92
  6.3.2 落下方向の解析 ……………………………………………… 94
 6.4 振動データの解析 ………………………………………………… 95
  6.4.1 PSD解析 ……………………………………………………… 96
  6.4.2 加速度分布 …………………………………………………… 97
  6.4.3 走行速度と加速度実効値 …………………………………… 98
 6.5 測定データの規格化について …………………………………… 101
 6.6 温湿度について …………………………………………………… 101

7章 包装設計 ………………………………… (長谷川淳英) …… 103

 7.1 緩衝材と緩衝設計 ………………………………………………… 103
  7.1.1 緩衝材の衝撃吸収特性グラフの特徴 ……………………… 103
  7.1.2 緩衝材の特性グラフの基本的な使用方法（事例1） ……… 107
  7.1.3 限界厚さの緩衝材の条件を求める方法（事例2） ………… 110
  7.1.4 底付きの対策（事例3） …………………………………… 111

7.1.5　受圧面が平面ではない場合の受圧面積 …………………………113
　　7.1.6　受圧面積の配分 ……………………………………………………115
　　7.1.7　緩衝計算結果の図面化 ……………………………………………115
　　7.1.8　緩衝材の特性グラフに必要な値がない場合の処理 …………117
　　7.1.9　グラフの使用可能範囲 ……………………………………………119
　　7.1.10　緩衝設計の基本演習 ………………………………………………119
　7.2　振動への配慮 ………………………………………………………… 127
　7.3　外装箱と外装設計 …………………………………………………… 129

8章　包装貨物試験 ………………………………（長谷川淳英）…131
　8.1　包装貨物試験の種類 ………………………………………………… 131
　8.2　試験法の決定プロセス ……………………………………………… 134
　8.3　試験規格 ……………………………………………………………… 138
　　8.3.1　前処置 ………………………………………………………………138
　　8.3.2　落下試験 ……………………………………………………………140
　　8.3.3　振動試験 ……………………………………………………………148
　　8.3.4　圧縮試験 ……………………………………………………………157

索　　引 ………………………………………………………………………… 162

1章 静　荷　重

1.1　概　　説

　輸送される物体に作用する外力のうち静荷重は，倉庫内で段積みされた状態での包装貨物や，動揺・振動・衝撃によって生じる荷ずれや荷崩れを防止するための固定部材等に作用する．

　物体に荷重が加わると変形するが，過大な荷重が物体に加われば，荷重が取り去られても物体がもとの形にもどらず，さらに大きな荷重が加えられると，物体はついに破壊してしまう．輸送される製品そのものの耐静荷重とともに，輸送包装を考える際にも包装品としての耐静荷重性能を綿密に検討しておく必要がある．ここでは，そのための基礎的な知識を理解するために，物体に静荷重が作用したときの，荷重と変形の関係を考えていく．

1.2　静荷重の分類[1]

　物体に作用する外力を荷重（load）といい，その大きさや向きが時間的に変化しない荷重を，静荷重（static load）または死荷重（dead load）と呼ぶ．静荷重は力のかかり方によって次のように分類できる．

1.2.1　荷重方向による分類

　静荷重を荷重が作用する方向別に考えると，図 1.1 に示すように，物体を引きのばす方向に作用する引張荷重（tensile load），押し縮める方向に作用する圧縮荷重（compressive load），物体をはさみ切る方向に作用するせん断荷重（shearing load），折り曲げる方向に作用する曲げ荷重（bending load），物体をねじ切る方向に作用するねじり荷重（torsional load）のように分類できる．

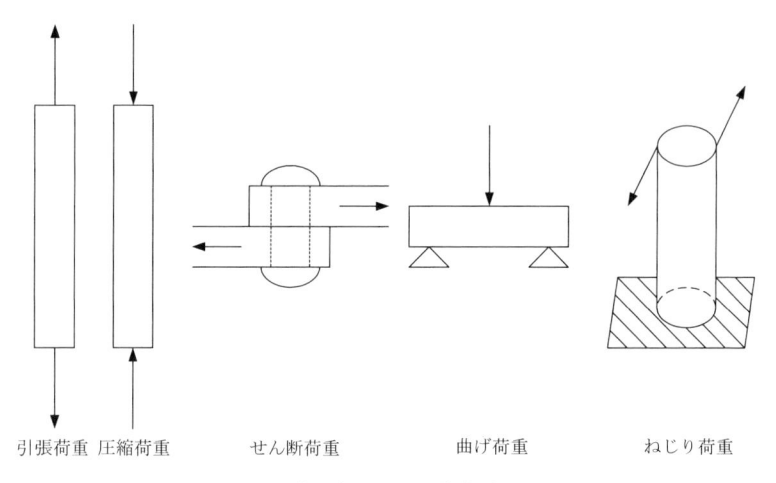

引張荷重　圧縮荷重　　　せん断荷重　　　曲げ荷重　　　ねじり荷重

図 1.1　荷重方向による静荷重の分類

1.2.2　荷重の分布状態による分類

　次に，荷重の分布状態で考えると，図 1.2 に示すように，物体に作用する荷重が一点に集中している集中荷重（concentrate load），物体のある部分に広がって作用している分布荷重（distributed load）に分類でき，分布荷重の特別な場合として，均一な大きさで広がって作用している状態を等分布荷重（uniformly distributed load）と呼ぶ．

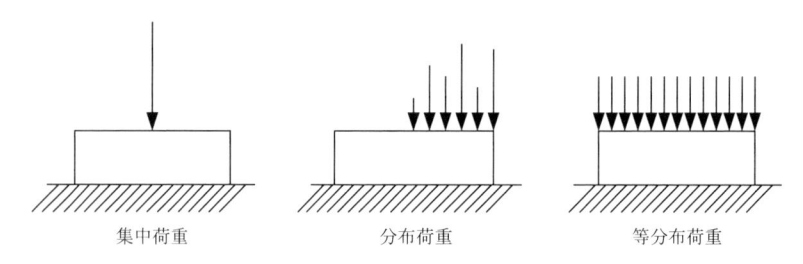

集中荷重　　　　　分布荷重　　　　　等分布荷重

図 1.2　荷重の分布状態による静荷重の分類

1.3 応力とひずみ[2),3)]

1.3.1 応　　力

　物体が静荷重によって破壊しない限り，静荷重の大きさと物体の内部に生じる内力の大きさは等しく，向きは反対であり，内力の大きさは，静荷重を物体の断面積 A（m²）で除した応力（stress）として表現する．図 1.3 に示すように，物体に引張荷重または圧縮荷重が加わるときの応力を，それぞれ引張応力（tensile stress），圧縮応力（compressive stress）と呼び，それらを総称して垂直応力（normal stress）と呼ぶ．いま，垂直荷重の大きさを P（N：ニュートン）とすれば，垂直応力の大きさ σ（N/m² または Pa：パスカル）は，次式で表される．

$$\sigma = \frac{P}{A} \tag{1.3.1}$$

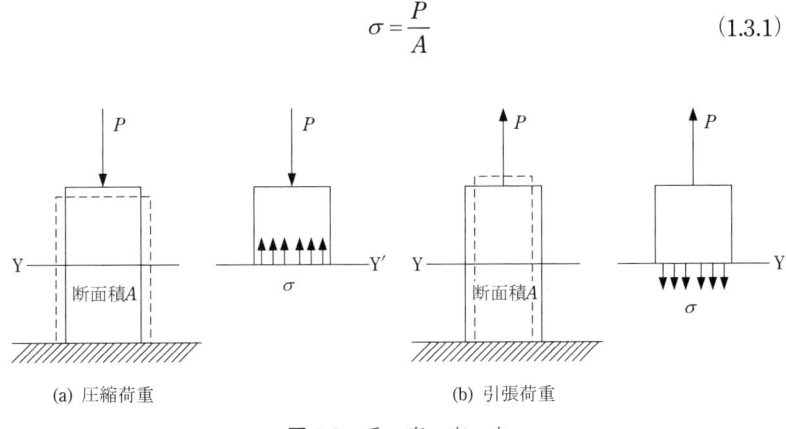

(a) 圧縮荷重　　　　(b) 引張荷重

図 1.3　垂 直 応 力

1.3.2 ひ ず み

　図 1.4 のように引張荷重が物体に作用するとき，荷重の加わった方向に ΔL（>0）だけ伸び，それと直角の方向には Δd（<0）だけ縮む．このときの伸びの大きさを物体の初期長さ L_0 との比で示したものを，引張ひずみ（tensile strain）s，縮み量を縮む前の幅 d_0 との比で示したものを，横ひずみ（lateral strain）s' と呼ぶ．同様に，物体に圧縮荷重が作用したときには，荷重方向の縮み度合いを圧縮ひずみ（<0）（compressive strain）で表し，引張ひ

ずみと圧縮ひずみを総称して縦ひずみ（longitudinal strain）と呼ぶ．

$$s = \frac{\Delta L}{L_0} \qquad (1.3.2)$$

$$s' = \frac{\Delta d}{d_0} \qquad (1.3.3)$$

さらに，縦ひずみと横ひずみの比 ϕ をポワソン数（Poisson's number）と呼び，ポワソン数の逆数をポワソン比（Poisson's ratio）と称している．

$$\phi = \frac{s}{s'} \qquad (1.3.4)$$

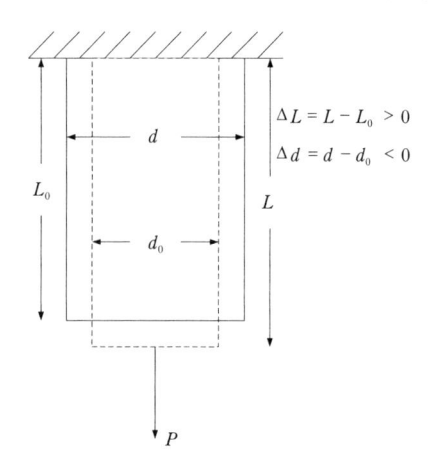

図 1.4 荷重によって生じるひずみ

1.3.3 フックの法則

図 1.5 は，ある材料に引張荷重を加えたとき，材料内部に生じる応力とひずみの関係を模式的に示したもの（応力-ひずみ図：stress-strain diagram）である．荷重があまり大きくないときには荷重を取り去ると元の形にもどり，ひずみはなくなるが，この性質を弾性（elasticity）と呼ぶ．図において，A（比例限度：limit of proportionality）までは応力とひずみは比例の関係（フックの法則（Hooke's law））にあり，B（弾性限度：limit of elasticity）までは応力が取り去られるとひずみはゼロになる．弾性限度内でフックの法則が成り立つとき，応力 σ とひずみ s の比 E を縦弾性係数（modulus of elasticity）またはヤング率（Young's modulus）と呼ぶ．

$$E = \frac{\sigma}{s} \qquad (1.3.5)$$

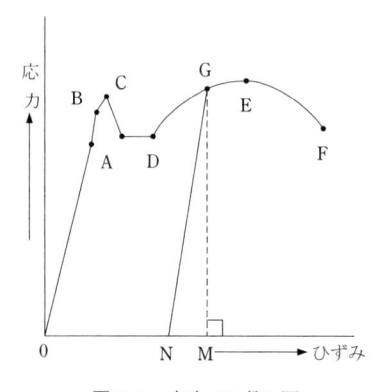

図 1.5 応力-ひずみ図

C（降伏点：yield point）以降では，応

力が増加せずにひずみだけが進行し，D に達するとそれ以降は応力の増加にともなってひずみが著しく増加し，F で破断する．この途中 E が応力の最大であり，このときの応力を引張強さ（tensile strength）または極限強さ（ultimate strength）と言う．また，DE 間のひずみ M のときの G 点で応力を取り去ると，ほぼ $\overline{AO}$ に平行な $\overline{GN}$ に沿って N にもどり，ひずみはゼロにならない．このような性質を塑性（plasticity）と呼び，その変形を塑性変形（plastic deformation），残ったひずみを永久ひずみ（permanent set）または残留ひずみ（residual strain）と呼ぶ．

1.3.4 演習

Q1. 地球表面上において，断面積が 100mm^2 の物体上に質量 500kg が載っているときの物体の内部に働く垂直応力を求めよ．ただし重力加速度を 9.8m/s^2 とする．

$$\frac{500 \times 9.8 \,(\text{N})}{100 \times 10^{-6}\,(\text{m}^2)} = 49 \times 10^6\,(\text{Pa})$$

49MPa（メガパスカル）

Q2. 直径 10mm，長さ $l_0 = 1\text{m}$ の鋼製丸棒を 30kN（キロニュートン）の力で引っ張るときの伸び ΔL を求めよ．ただし，ヤング率 $E = 2.1 \times 10^5$ MPa である．

断面積 $A = \dfrac{\pi}{4} \times 10^2 = 78.5\text{mm}^2$

応　力 $\sigma = \dfrac{30 \times 10^3}{78.5} = 382\text{MPa}$

ひずみ $s = \dfrac{\sigma}{E} = \dfrac{382}{2.1 \times 10^5} = 1.82 \times 10^{-3}$

伸　び $\Delta L = s \cdot l_0 = 1.82 \times 10^{-3} \times 1 \times 10^3 = 1.82\text{mm}$

Q3. 密度 ρ，ヤング率 E，断面積 A，自然長 l の棒を地上で吊るすとき，自重による伸び ΔL はどうなるのか？

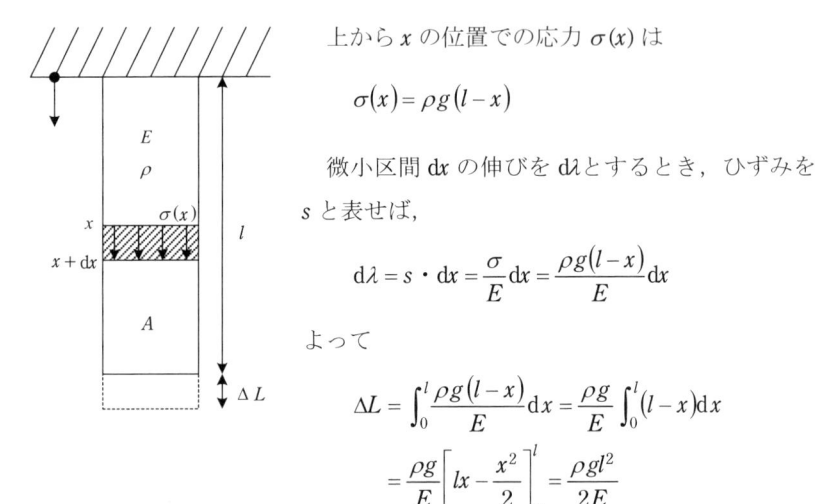

上から x の位置での応力 $\sigma(x)$ は

$$\sigma(x) = \rho g(l-x)$$

微小区間 dx の伸びを $d\lambda$ とするとき，ひずみを s と表せば，

$$d\lambda = s \cdot dx = \frac{\sigma}{E}dx = \frac{\rho g(l-x)}{E}dx$$

よって

$$\Delta L = \int_0^l \frac{\rho g(l-x)}{E}dx = \frac{\rho g}{E}\int_0^l (l-x)dx$$
$$= \frac{\rho g}{E}\left[lx - \frac{x^2}{2}\right]_0^l = \frac{\rho g l^2}{2E}$$

1.4 緩衝材の静圧縮[4]

1.4.1 圧縮によるエネルギーの蓄積

緩衝材が静荷重によって変形するとき，その内部にはエネルギーが蓄積される．圧縮面の面積 A，初期厚さ t_0 の直方体緩衝材の変位-静荷重曲線は図1.6のようなものであり，静荷重 F のときの緩衝材の変位が x_m のとき，緩衝材に蓄積されるエネルギー E は，

$$E = \int_0^{x_m} F(x)dx \tag{1.4.1}$$

で示される．

ここで，応力（stress）σ とひずみ（strain）s は，

$$\sigma = \frac{F}{A}, \quad s = \frac{x}{t_0} \tag{1.4.2}$$

で表され，変位-静荷重曲線は，図1.7のような「ひずみ-応力曲線」に書き換えることができ，これは試料のサイズに関係なく緩衝材固有の特性となる．

1.4 緩衝材の静圧縮

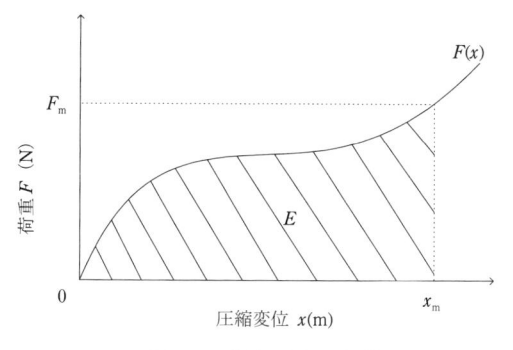

図 1.6 変位-静荷重曲線

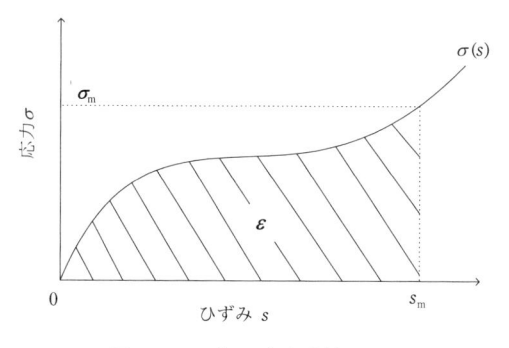

図 1.7 ひずみ-応力曲線

さて，緩衝材の単位体積当たりに蓄積されるエネルギー ε は，

$$\varepsilon = \int_0^{s_m} \sigma(s) \mathrm{d}s \qquad (1.4.3)$$

で表される．

1.4.2 緩衝効率と緩衝係数

緩衝材のひずみ-応力特性は，図 1.8 のように分類できる．さて，緩衝材を s_m まで圧縮したとき，図 1.8 の (a)〜(d) で表されるひずみ-応力特性をもった緩衝材の最大応力 σ_m が等しいとき，緩衝材に蓄えることのできるエネルギー ε は (d) が最も大きく，言いかえれば (d) のような理想的なひずみ-応力特性をもつ緩衝材の緩衝効率が最もよい．緩衝材に蓄えられるエネルギー ε は式 (1.4.3) で示されるので，緩衝材の緩衝効率 ρ を次式で表す．

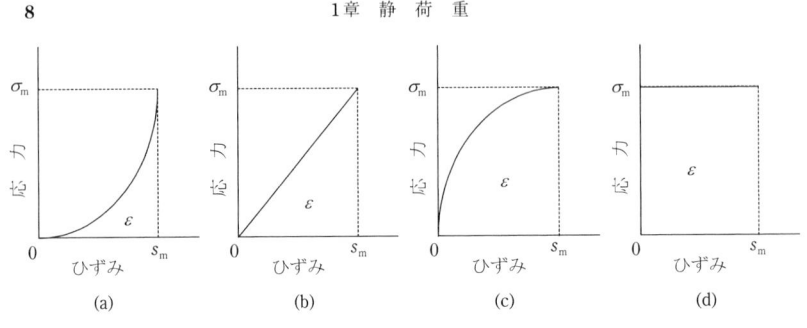

図 1.8 ひずみ-応力特性のタイプ

$$\rho = \frac{\varepsilon}{\sigma_m \cdot s_m} \tag{1.4.4}$$

図1.8の(a)から(d)の順にρの値は，$\rho<1/2$，$\rho=1/2$，$1/2<\rho<1$，$\rho=1$となる．次に，緩衝効率ρに最大ひずみs_mを乗じたものの逆数を緩衝係数 (cushioning factor : C) と呼ぶ．従って，緩衝係数Cは次式で表される．

$$C = \frac{\sigma_m}{\varepsilon} \tag{1.4.5}$$

一般に包装のための緩衝材は，貨物に落下衝撃が加わっても内容品が破損しない許容加速度以下になるようにする必要がある．いま，輸送過程で想定される最大落下高さをhとすると，緩衝材に蓄積させるべきエネルギーは落下エネルギーと等しくする必要がある．

さて，緩衝系の落下衝撃を考えると，最大加速度のGファクター：G_mが内容物に作用するとき，緩衝材の応力値が最大となる．従って，以下の関係が成り立つ．

$$\varepsilon = \frac{mgh}{At_0} \tag{1.4.6}$$

$$\sigma_m = \frac{mgG_m}{A} \tag{1.4.7}$$

よって式(1.4.5)(1.4.6)(1.4.7)より，緩衝材の初期厚さt_0は次式から求めることができる．

$$t_0 = C \cdot \frac{h}{G_m} \tag{1.4.8}$$

1.4 緩衝材の静圧縮

従って，C が小さければ緩衝材が薄くなり，結果的に包装貨物を小さくすることにつながる．言い換えれば，緩衝材を効率よく使用することである．ただし，以上のようなことが成り立つためには，緩衝材のひずみ-応力特性に圧縮速度の影響がないことが条件となる．

1.4.3 演　　習

Q1. 右図のような，ひずみ s が 0.8 までの緩衝効率が 0.5，すなわち線形バネ特性を有する緩衝材の緩衝係数 C と応力 σ の関係を示せ．

式 (1.4.4)(1.4.5) より緩衝係数 C には以下の関係がある．

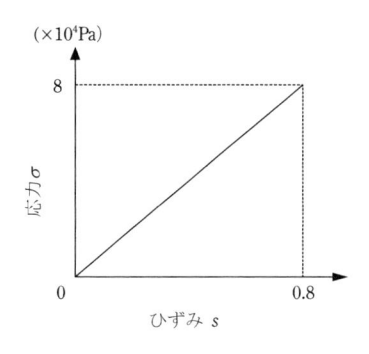

$$C = \frac{1}{\rho \cdot s_m} \tag{1.4.9}$$

ここでは $\rho = 0.5$ で一定なので，C は s_m と逆比例の関係にある．

よって C と σ の関係は以下のようになる．

s	0.1	0.2	0.3	0.4	0.5	0.6	0.7	0.8
σ（×10⁴Pa）	1	2	3	4	5	6	7	8
C	20	10	6.67	5	4	3.33	2.86	2.5

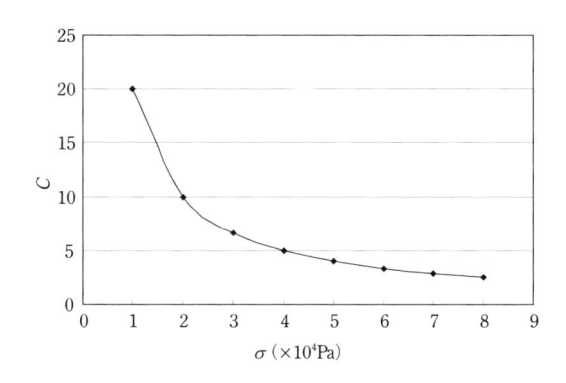

一般に緩衝材のひずみが1に近づくにつれて応力は急激に大きくなるので図1.8の(a)のような形状となり，ρは0.5から徐々に小さくなる．従って式(1.4.9)より結果的にCも大きくなり，σ–C曲線は下に凸の特性となる．つまり，Cには極小値があり，このことはCが極小となる応力になるように緩衝材を用いれば最も効率のいい包装となることを意味する．

参 考 文 献

1) 辻　知章：なっとくする材料力学，講談社(2002)
2) 菊池正紀，和田義孝：図解入門よくわかる材料力学の基本，秀和システム(2004)
3) 有光　隆：図解でわかるはじめての材料力学，技術評論社(1999)
4) 斎藤勝彦：輸送包装の科学，pp.79-84，日本包装学会(2004)

2 章 衝　　撃

2.1　線形バネ-質量系の落下衝撃[1)]

　図2.1のように線形バネ-質量系（バネ定数k）が自由落下し，固い床面に衝突したときの質量部に発生する衝撃力を考える．

　質量mの物体が高さhで静止しているときのエネルギーは，位置エネルギーE_pのみである．いま位置エネルギーのゼロレベルを床面$h=0$とすると，

$$E_p = mgh \tag{2.1.1}$$

また，自由落下した物体が床に接した瞬間は運動エネルギーE_kのみである．

$$E_k = \frac{1}{2}mv^2 \tag{2.1.2}$$

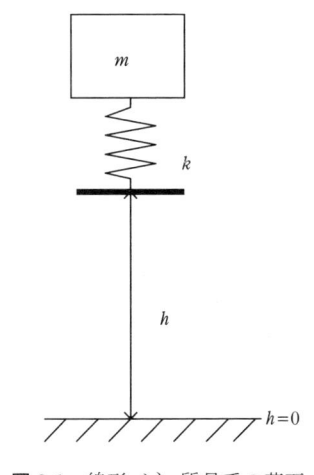

図 2.1　線形バネ-質量系の落下

ここにvは物体の衝突速度であり，エネルギー保存則（$E_p = E_k$）が成り立っていることから，次のようになる．

$$v = \sqrt{2gh} \tag{2.1.3}$$

また物体が衝突時，バネは最大$x_{\max}$（$h \gg x_{\max}$）だけ変位したところで，物体のエネルギーは図2.2のように，すべてバネにより蓄積$\left(E_a = \frac{1}{2}kx_{\max}^2\right)$されるとすると，バネの最大変位$x_{\max}$は次式のようになる．

$$x_{\max} = \sqrt{\frac{2mgh}{k}} \tag{2.1.4}$$

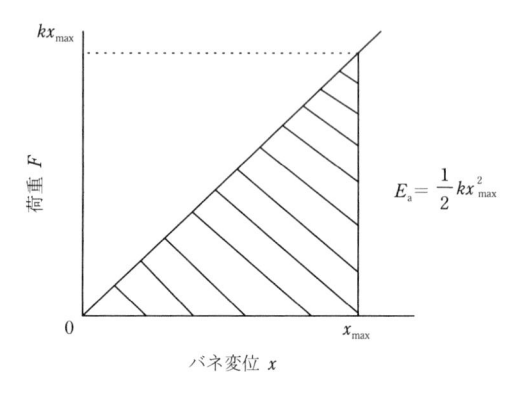

図 2.2 線形バネの変位, 荷重, 蓄積エネルギー

すなわち, 質量が同じであれば落下高さを 4 倍にするか, バネ定数を 1/4 にする (すなわちバネを 1/4 柔らかくする) と, 落下着地後のバネの最大変位が 2 倍になる.

次にバネが接地してから再び飛び上がるまでの運動を,

$$x = -x_{max} \sin \omega_n t \quad (2.1.5)$$

と仮定する. このとき, 質量部の加速度は式(2.1.5)の時間に関する 2 階微分となり, 質量部がバネから受ける反力 F は, 運動方程式により

$$F = m\omega_n^2 x \quad (2.1.6)$$

となる. いま, 線形バネ系を考えているので, バネから受ける反力 F は, フックの法則によってバネ変位 x に比例した大きさとなり, 式(2.1.6)の $m\omega_n^2$ がバネ定数 k と等しい, 言いかえれば, バネ定数 k が次式を満足するとき, 線形バネ系の着地時の運動は式(2.1.5)となることを意味している.

$$k = m\omega_n^2 \quad (2.1.7)$$

よって接地後の加速度の最大値 $\ddot{x}_{max}$ は, 次式となる

$$\ddot{x}_{max} = \omega_n^2 x_{max} = v \cdot \omega_n = \sqrt{2gh} \cdot \sqrt{\frac{k}{m}} \quad (2.1.8)$$

従って着地時の加速度の時系列は図 2.3 のような正弦波の半波長の形状

2.1 線形バネ-質量系の落下衝撃

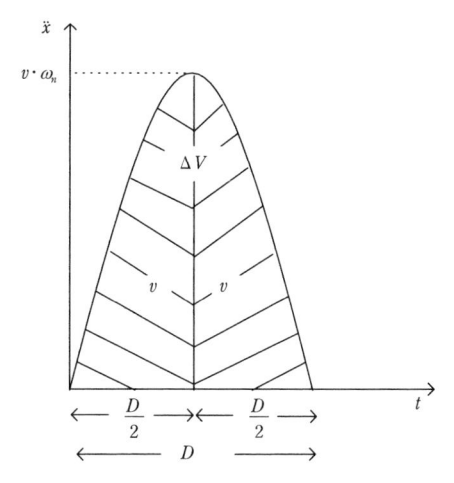

図 2.3 線形バネ-質量系の落下着地後の加速度時系列

（正弦半波）となる．式(2.1.8)より，質量が同じであれば，落下高さを4倍にするか，バネ定数を4倍に（すなわち4倍固く）すれば，衝撃加速度の最大値が2倍になることが分かる．

さて，図 2.3 中の D を衝撃作用時間と呼び，角周波数 ω_n との関係を示せば，

$$\omega_n = \frac{\pi}{D} \tag{2.1.9}$$

となる．

また，加速度 $\ddot{x}$ の $t=0 \sim D$ までの積分を ΔV と表記するとき，次のような関係が成り立つ．

$$\Delta V = \int_0^D \ddot{x}(t)\mathrm{d}t = 2v \tag{2.1.10}$$

いま飛び上がる速度は，エネルギーの減衰を考えていないので，自由落下速度 v と正負が逆で大きさは等しくなる．従って自由落下速度 v が $2v$ だけ変化するので，ΔV は速度変化（velocity change）と呼ばれる．

【例題】

質量 10kg，線形バネ定数 100kg 重/cm の物体を，80cm から落下させた場

合，物体に作用する最大衝撃加速度のGファクターと，衝撃作用時間を求めよ．ただし，Gファクターとは最大衝撃加速度と重力加速度 g の比であり，ここでは $g=10\text{m/s}^2$，円周率を3と近似した場合の計算をせよ．

【解答】

バネ定数の単位に注意が必要であり，以下のようになる．

$$k = 100\text{kgf/cm} \times 100\text{cm/m} \times 10\text{m/s}^2 = 10^5\,\text{N/m}$$

式(2.1.8)より

$$G = \frac{\ddot{x}_{\max}}{g} = \frac{1}{g} \times \sqrt{2gh} \times \sqrt{\frac{k}{m}}$$

$$= \frac{1}{10} \times \sqrt{2 \times 10 \times 0.8} \times \sqrt{\frac{10^5}{10}}$$

$$= 40 \ \Rightarrow \ \underline{40\text{G}}$$

式(2.1.9)より

$$D = \frac{\pi}{\omega_n} = \pi\sqrt{\frac{m}{k}} = 3\sqrt{\frac{10}{10^5}} = 3 \times 10^{-2}\,(\text{s}) \ \Rightarrow 30\text{ミリ秒（ms）}$$

※上記より質量が同じであれば，バネ定数を1/4にする（1/4柔らかくする）ことで衝撃作用時間が2倍になることが分かる．ここで落下高さが変わっても衝撃作用時間は同じであることに注意すべきである．

2.2 落下高さ解析[2]

包装貨物が物流中に受ける衝撃は，荷扱いのミスで起こる落下によるものが大きく，衝撃のレベルを落下高さに変換することが多い．

図2.4には，自由落下したときに計測される包装貨物内の3軸合成加速度の時系列を模式的に示している．図2.4においてピーク加速度を示す正弦半波に近い加速度-時間波形の面積は前節で述べたように，速度変化 ΔV と呼ばれ，包装貨物の衝突速度 v_1 と反発速度 v_2 の和に等しい．

$$\Delta V = v_1 + v_2 \tag{2.2.1}$$

前節では，エネルギー減衰のない場合について述べたが，実際の反発速度

2.2 落下高さ解析

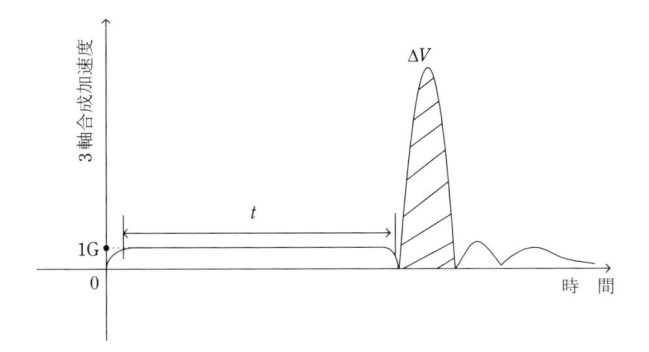

図 2.4 自由落下開始後の3軸合成加速度時系列

v_2 は

$$v_2 = ev_1 \tag{2.2.2}$$

となる．ここに e は反発係数であり0から1の間の値をとる．もし包装貨物のすべての落下方向についての反発係数 e が既知であれば，落下高さ h は以下のように求められる．

$$h = \frac{\Delta V^2}{2g(1+e)^2} \tag{2.2.3}$$

また，この関係を利用すれば，いろいろな落下高さ h，落下方向からの自由落下試験を行い，計測される速度変化 ΔV から，それぞれの条件のもとでの反発係数 e を求めることもできる．

一方，図 2.4 のように自由落下している間の3軸合成加速度は重力加速度と等しくなるために，その時間 t より落下高さ h を求めることもできる．

$$h = \frac{1}{2}gt^2 \tag{2.2.4}$$

【例題】

$h = 80$ cm から固い床面に自由落下させたときに，物体には最大加速度 $A_\mathrm{P} = 90$G，衝撃作用時間 $D = 10$ ms の正弦半波衝撃波形が作用した．このとき，床面から跳ね上がる物体の最高到達（リバウンド）高さ h' を求めよ．た

だし円周率を 3,重力加速度を 10m/s² と近似して計算せよ.

【解答】

式(2.1.5)と(2.1.9)より衝撃波形の速度変化 ΔV は次式で表される.

$$\Delta V = \int_0^D A_\mathrm{P} \sin\frac{\pi}{D}t\,\mathrm{d}t = A_\mathrm{P} \cdot \frac{2D}{\pi}$$

$$= 90(\mathrm{G}) \times 10(\mathrm{m/s^2}) \times \frac{2 \times 10 \times 10^{-3}(\mathrm{s})}{3}$$

$$= 6(\mathrm{m/s})$$

よって反発係数 e は式(2.2.3)より

$$e = \frac{\Delta V}{\sqrt{2gh}} - 1 = \frac{6}{\sqrt{2 \times 10 \times 0.8}} - 1 = 0.5$$

式(2.2.2)より

$$\sqrt{2gh'} = e\sqrt{2gh}$$

$$\therefore h' = e^2 h = (0.5)^2 \times 80 = \underline{20\mathrm{cm}}$$

2.3　衝撃応答スペクトル[3]

衝撃応答スペクトル(SRS : Shock Response Spectrum)とは,構造体を図 2.5 で示すような 1 自由度の線形バネ-質量系の集合体と仮定して,この構造体に衝撃パルスを加えたときに,脆弱な構成部分がどのような応答をするかを周波数軸上に表したものである.

図 2.5 で示される,線形バネ-質量モデルの運動方程式は次のようになる.

$$m\ddot{x} + k(x - x_0) = 0 \tag{2.3.1}$$

ここに,x_0 はバネ下端に入力される変位,x は質量部の変位である.

ここで,$\omega_n^2 = k/m$ とおき,方程式を解くと,質量部に発生する加速度は次式で表される.

$$\ddot{x}(t) = \omega_n \cdot \int_0^t \ddot{x}_0(\tau) \cdot \sin\omega_n(t-\tau)\,\mathrm{d}\tau \tag{2.3.2}$$

2.3 衝撃応答スペクトル

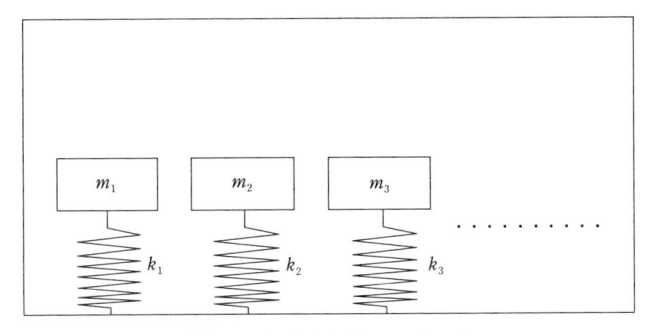

図 2.5 包装内容品のモデル化

このとき，$\ddot{x}_0$は入力加速度（衝撃パルス）である．これにより，入力する衝撃パルスの関数がわかれば，式(2.3.2)より，衝撃応答を計算することができる．

さて，正弦半波衝撃パルスに対する応答を考えよう．作用時間 D，加速度 A_0 の正弦半波衝撃パルスは次式で表される．

$$t \leq D \text{ の時} \quad \ddot{x}_0(t) = A_0 \sin\left(\frac{\pi t}{D}\right)$$
$$t > D \text{ の時} \quad \ddot{x}_0(t) = 0 \tag{2.3.3}$$

式(2.3.2)と(2.3.3)を整理し，質量部に発生する加速度を $a = \pi/D$ とおくと，以下のようになる．

$$\ddot{x}(t) = A_0 \omega_n^2 a \left[\frac{\sin(\omega_n t)}{(a^2 - \omega_n^2)\omega_n} + \frac{\sin(at)}{(\omega_n^2 - a^2)a} \right] \quad : \quad (t \leq D) \tag{2.3.4}$$

$$\ddot{x}(t) = \frac{A_0 \omega_n a}{a^2 - \omega_n^2} \left[\sin\{\omega_n(t-D)\} + \sin\omega_n t \right] \quad : \quad (t > D) \tag{2.3.5}$$

図 2.6 に，衝撃作用時間 D と固有振動数 f_n が変化した場合の入力波と応答波を示す．

同様に，作用時間 D，加速度 A_0 の矩形波衝撃パルスに対する応答は，以下のようになる．

$$\ddot{x}(t) = 2A_0 \sin^2\left(\frac{\omega_n t}{2}\right) \quad : \quad (t \leq D) \tag{2.3.6}$$

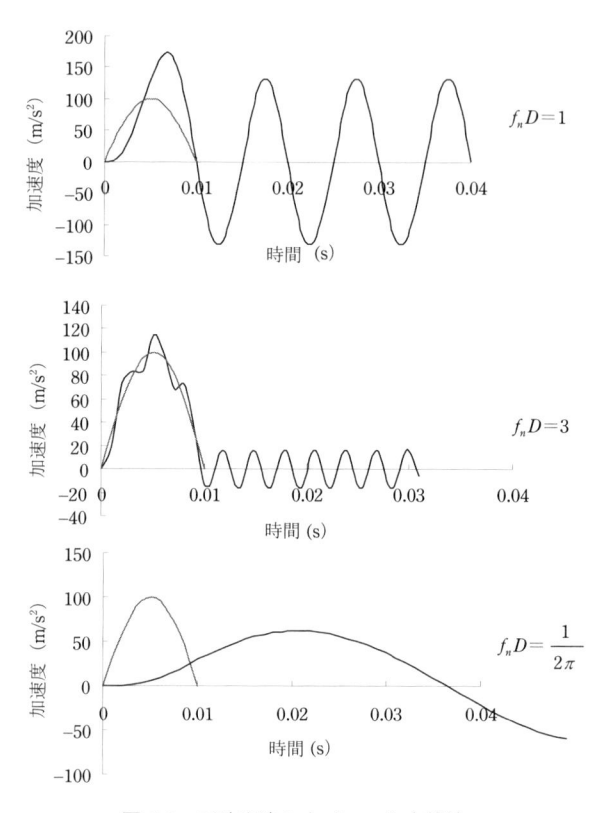

図 2.6 正弦半波入力パルスと応答波

$$\ddot{x}(t) = 2A_0 \sin\left\{\omega_n\left(t - \frac{D}{2}\right)\right\} \sin\frac{D}{2} \quad : \quad (t > D) \tag{2.3.7}$$

図 2.7 に，衝撃作用時間 D と固有振動数 f_n が変化した場合の入力波と応答波を示す．

次に衝撃伝達率について考えよう．

衝撃伝達率 T_r は，$T_r = \dfrac{\ddot{x}_{\max}}{A_0}$ で表される．ここで，正弦半波の衝撃を与えた時の応答の式(2.3.5)について $\ddot{x}_{\max}$ を求め，T_r を導くと，以下のようになる．

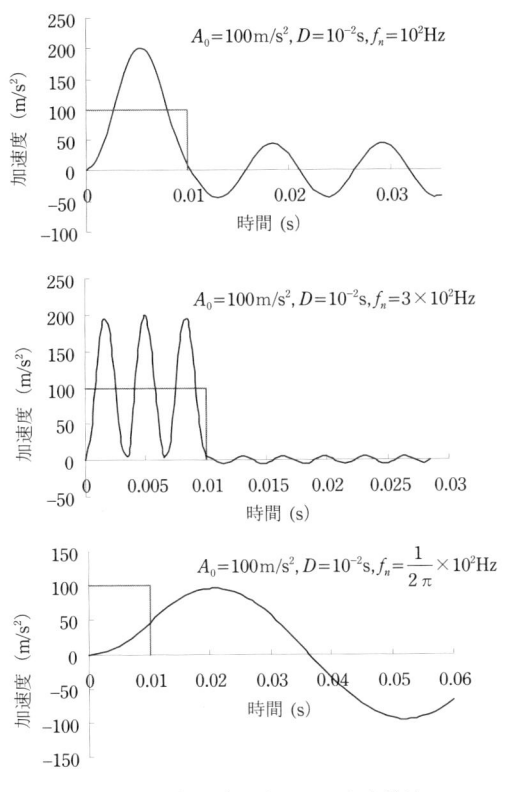

図 2.7 矩形波入力パルスと応答波

$$T_{\mathrm{r}} = \frac{2f_n D}{1-(2f_n D)^2}\{2\cos(\pi f_n \cdot D)\} \quad ; \quad f_n \cdot D < 0.5 \tag{2.3.8}$$

構成部分に生ずる最大加速度 A_{out} と入力パルスの最大加速度 A_{in} の比 $A_{\mathrm{out}}/A_{\mathrm{in}}$ を衝撃伝達率 T_{r}（または動的倍率）と称するが，図 2.8 はこの関係を示したもので，衝撃応答スペクトル（SRS）という．ここに D_{e} は有効作用時間（$D_{\mathrm{e}}=\Delta V/A_{\mathrm{in}}$）であり，衝撃作用時間 D との関係は，それぞれ矩形波では $D_{\mathrm{e}}=D$，正弦半波では $D_{\mathrm{e}}=2D/\pi$ である．

衝撃パルスの特徴は，衝撃応答スペクトルを用いて表すことができる．この表現方法の利点は，物品（構造体）にとっての危険な衝撃が直感できることである．例えば，ある特定の衝撃パルス（D_{e} が決められる）に対して，f_n

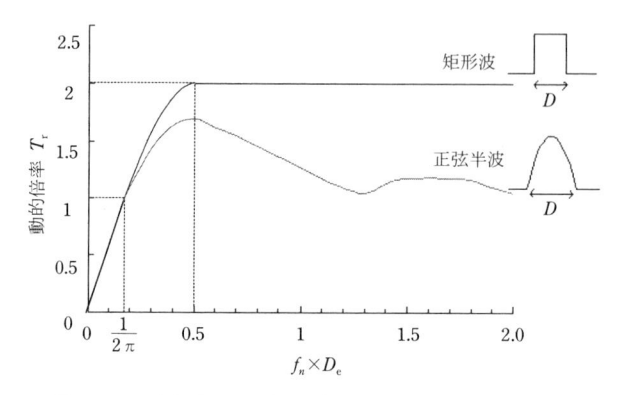

図 2.8 正弦半波および矩形波入力パルスに対する SRS

が小さい，つまり相対的に柔らかいバネ-マス系構成部では，動的倍率が1以下となるが，相対的に硬いバネ-質量系の構成部では入力パルスの加速度よりも大きな加速度が伝わることになる．

2.4 等 価 落 下[4)]

図 2.8 に示すように，線形バネ-質量系に相対的に作用時間の短い正弦半波衝撃が加わった場合，衝撃伝達率 T_r の解析解は式(2.3.8)で示され，$f_n \cdot D_e < 1/2\pi$ のときは T_r が原点を通る傾き 2π の直線に近似できる．

$$T_r \fallingdotseq 2\pi \cdot f_n \cdot D_e \quad : \quad f_n \cdot D_e < \frac{1}{2\pi} \quad (2.4.1)$$

さて入力加速度と質量部の応答加速度の最大値をそれぞれ A_{in}，A_{out} とすると，上式より，

$$A_{out} \fallingdotseq \omega_n \cdot \Delta V \quad (2.4.2)$$

となる．従って式(2.1.8)より，線形バネ-質量系の高さ h から自由落下着地時の質量部に作用する最大加速度と，同一系に自由落下着地速度と等しい速度変化 ΔV の正弦半波入力加速度パルスが加わったときの質量部への応答加速度の最大値はほぼ等しくなる．

2.5 衝撃易損性[5]

　今，物体が剛体であれば，作用した加速度は物体全体に均一に作用し，物体の最も壊れやすい部分の限界の加速度（力）よりも，入力加速度が大きければ物体が破損することにより，易損性（耐衝撃強さ）としては入力加速度のピーク値のみで表現して差し支えない．

　しかしながら，上記の考え方は，入力された衝撃加速度に対する物体の可撓性（変形しやすさ）の影響を無視している．現実に物体は分布質量系で構成されており，力（加速度）が加わると変形できるので，衝撃が作用すれば物体の各部分ごとに最大発生加速度は異なるはずである．

　さて，物体の分布質量系を完全にモデル化し解析することは困難なので，図 2.9 に示すように，剛体質量 m_1 にバネ定数 k の線形バネで最も壊れやすい 2 次質量 m_2 が取り付けられたものとしてモデル化してみる．このモデルの易損性は，破損しやすい部分の最大許容加速度（m_2 の損傷限界加速度 A_c）と，入力された衝撃が線形バネを通ってくる伝達加速度のピーク A_{out} の比較で，$A_c < A_{out}$ の条件となったときに破損と判断され，易損性は部品ごとの損傷限界加速度のピーク値でないことに注意を要する．

　さて，物体に矩形波の衝撃が加わった場合について考えよう．図 2.9 のように，剛体部分の質量 m_1 に対して，損傷部分の質量 m_2 が非常に小さい場合，m_2 の運動は m_1 の運動に影響しないので，1 自由度線形バネ-質量系の運動と同等となる．このとき，内容品に伝わる加速度のピークは，衝撃応答

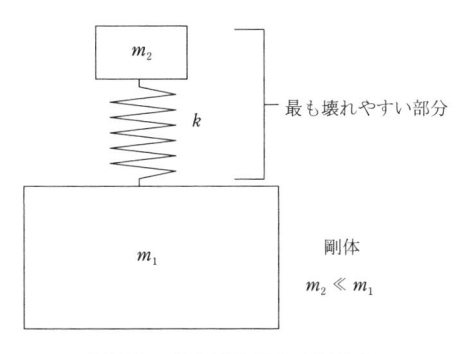

図 2.9　分布質量系のモデル化

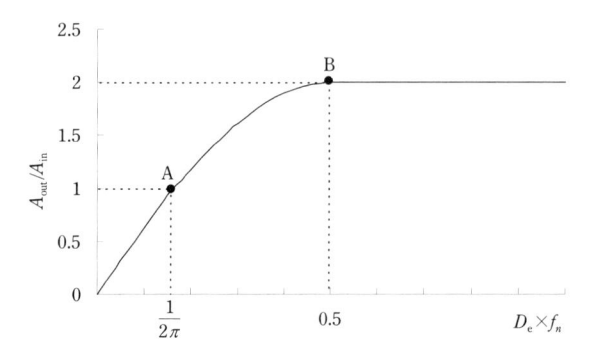

図 2.10 矩形波 SRS の近似

スペクトル（SRS）によって理解することができる．つまり，損傷部分の支持されるバネの特性が変われば損傷部分の固有振動数 f_n が変化し，衝撃作用時間 D との関係により入力されたピーク加速度 A_P が同じでも損傷部分の加速度のピーク A_out は変化することを意味している．

さて，矩形波の SRS を図 2.10 のように近似してみる．

$$\frac{A_\mathrm{out}}{A_\mathrm{in}} = 2\pi \cdot D_\mathrm{e} \cdot f_n \quad ; \quad 0 \leq D_\mathrm{e} \cdot f_n \leq \frac{1}{2\pi} \tag{2.5.1}$$

$$\frac{A_\mathrm{out}}{A_\mathrm{in}} = 2\sin(\pi \cdot D_\mathrm{e} \cdot f_n) \quad ; \quad \frac{1}{2\pi} \leq D_\mathrm{e} \cdot f_n \leq 0.5 \tag{2.5.2}$$

$$\frac{A_\mathrm{out}}{A_\mathrm{in}} = 2 \quad ; \quad D_\mathrm{e} \cdot f_n > 0.5 \tag{2.5.3}$$

まず，内容品に作用時間の短い衝撃パルスが加わった（D_e が小さい）または，衝撃パルスに対して損傷部分の固有周期が長い（つまり f_n が小さい），従って衝撃パルスとの相対関係で柔らかいバネ–マス系 $0 \leq D_\mathrm{e} \cdot f_n \leq 1/2\pi$ の条件のときを考えてみる．

損傷の条件は，損傷部分の限界加速度 A_c よりも，伝達加速度 A_out が大きいときであるから，

$$A_\mathrm{out} \geq A_\mathrm{c} \tag{2.5.4}$$

式 (2.5.1) (2.5.4) より，

2.5 衝撃易損性

$$2\pi \cdot D_e \cdot f_n \geq \frac{A_c}{A_{in}} \tag{2.5.5}$$

ここに，$\Delta V = A_{in} \cdot D_e$ より，

$$\Delta V \geq \frac{A_c}{2\pi \cdot f_n} \tag{2.5.6}$$

つまり，損傷部分を破損させるためには，式(2.5.6)の条件となるようにある程度以上の速度変化が加わらなければならない．従って，いくら入力加速度のピーク値が大きくても，速度変化の非常に小さい衝撃では破損しないことを意味する．つまり損傷部分が柔らかな構造のために，それ自身がショックアブソーバーの働きを有していると解釈すればよい．

次に，内容品に作用時間の長い衝撃パルスが加わった（D_e が大きい）または，衝撃パルスに対して損傷部の固有周期が短い（f_n が大きい），従って衝撃パルスとの相対関係で硬いバネ-マス系である，$D_e \cdot f_n \geq 0.5$ の条件のときを考えてみる．

式(2.5.3)(2.5.4)より，

$$A_{in} \geq \frac{A_c}{2} \tag{2.5.7}$$

つまり，このときには損傷部の限界加速度 A_c の半分以上のピーク値が内容品に作用すれば，破損するということを意味する．

さて，図2.10のSRS中の点Aでは，式(2.5.6)より，

$$\left. \begin{array}{l} \Delta V_A = \dfrac{A_c}{2\pi f_n} \\ A_{in} = A_c \end{array} \right\} \tag{2.5.8}$$

点Bでは，$D_e \cdot f_n = 0.5$ で，かつ $A_{in} = A_c / 2$ より，

$$\therefore \Delta V_B = \frac{\pi}{2} \Delta V_A \tag{2.5.9}$$

以上のことから，ある損傷部分（f_n と A_c が定まっているということ）に対する易損性は，物体に作用する矩形波加速度のピーク値 A_{in} と速度変化 ΔV の2値より，損傷するか否かを判定できる．つまり，図2.11のように表現でき，これは図2.10の矩形波のSRSを f_n と A_c が一定とした場合に，ΔV-A_p

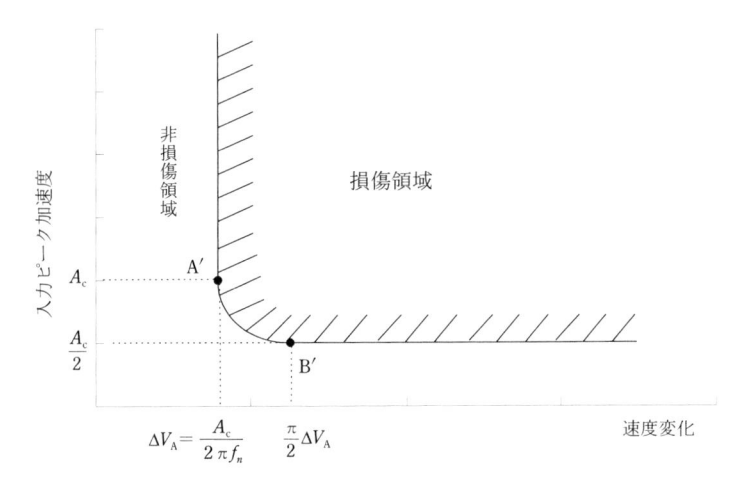

図 2.11 矩形波が作用したときの損傷境界曲線

平面上に写像したことに外ならない．これを損傷境界曲線[6]（DBC：Damage Boundary Curve）と呼んでいる．

参 考 文 献

1) 水口眞一：輸送・工業包装の技術，pp.187-191，フジ・テクノシステム(2002)
2) 長谷川淳英：輸送試験データに基づく包装試験規格の決定，日本包装学会誌，Vol.13, No.2, pp.71-90(2004)
3) 斎藤勝彦：輸送包装の科学，pp.53-66，日本包装学会(2004)
4) 斎藤勝彦，川口和見：包装貨物落下試験に関する実験的検討，日本包装学会誌，Vol.13, No.5, pp.303-308(2004)
5) R.E. Newton : Fragility Assessment—Theory and Test Procedure—, U.S.Naval Post Graduate School(1968)
6) R.K. Brandenburg and J.J. Lee : Fundamentals of Packaging Dynamics, 5th Edition, pp.107-124, School of Packaging, M.S.U.(1993)

3章 振　　動

3.1 単　振　動[1)]

図 3.1 のように，半径 A の円周上を等速角速度 ω (rad/s) で回る点 P を考えよう．点 P が円周を 1 周 2π (rad) 回るのに要する時間を T (s) とすると，

$$\omega \cdot T = 2\pi \tag{3.1.1}$$

なる関係が成立する．

点 P は 1 秒間に f 回転するとき，f と T の関係は，

$$f = \frac{1}{T} \tag{3.1.2}$$

となり，式(3.1.1)(3.1.2)より，

$$\omega = 2\pi f \tag{3.1.3}$$

が成り立つ．

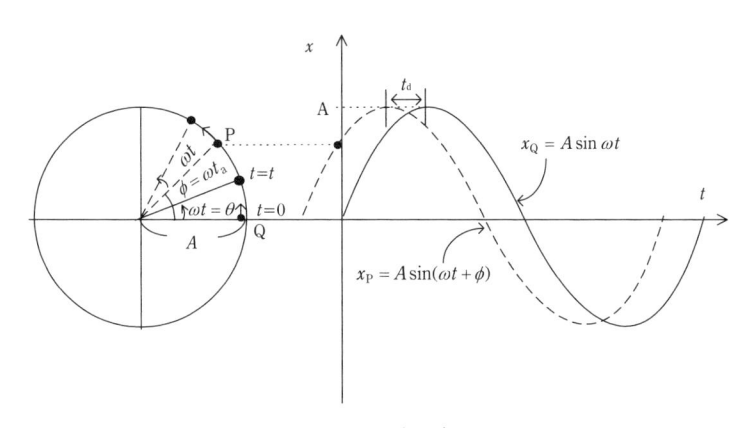

図 3.1 正　弦　波

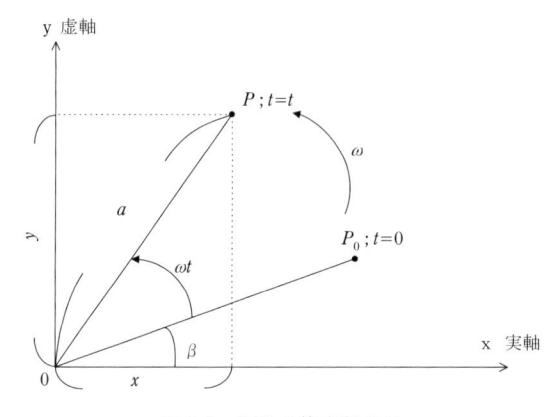

図 3.2 振動の複素数表示

以上の T, f, ω をそれぞれ，周期（period），周波数（振動数）(frequency)，角周波数（角振動数）(angular frequency) と呼ぶ．

さて，図 3.1 のように，初期位相角 ϕ をもつ点 P の x 成分は，時刻 t のとき

$$x_\mathrm{P} = A\sin(\omega t + \phi) \tag{3.1.4}$$

となり，図 3.1 の破線のような正弦波（単振動）となり，A を振幅（amplitude）と呼ぶ．

振動を複素数表示すると振動解析において便利な場合がある．図 3.2 のように，時刻 $t=0$ のとき P_0 にあった点が，角速度 ω で原点 0 のまわりを反時計方向に回転しているとき，時刻 t における点 P の x および y 成分の変位は以下のようになる．

$$\left.\begin{aligned} x &= a\cos(\omega t + \beta) \\ y &= a\sin(\omega t + \beta) \end{aligned}\right\} \tag{3.1.5}$$

ここで，x, y 軸をそれぞれ実軸，虚軸とすれば点 P を表すベクトル $\vec{P}(=x+iy)$ はオイラーの関係式より次式となる．

$$\vec{P} = A e^{i\omega t} \tag{3.1.6}$$

ここに

$$A = ae^{i\beta} \tag{3.1.7}$$

よって，ベクトル$\vec{P}$の実部が実軸(x)成分の単振動を，虚部が虚軸(y)成分の単振動を表しており，式(3.1.6)のように単振動を複素数表示することが多い．またAは振幅aと初期位相βから成る量で，複素振幅と呼ばれており，Aの実部と虚部をA'とA''とすると以下の関係にある．

$$\left. \begin{array}{l} \beta = \tan^{-1}\left(\dfrac{A''}{A'}\right) \\ a = \sqrt{A'^2 + A''^2} \end{array} \right\} \tag{3.1.8}$$

3.2 自由振動[2)]

ここでは減衰自由振動の代表的なものとして，粘性摩擦すなわち振動速度に比例する抵抗が働く場合の自由振動を考えよう．

図3.3に示す質量mの運動方程式は，バネ定数k，減衰係数cを用いれば，次式となる．

$$m\ddot{x} + c\dot{x} + kx = 0 \tag{3.2.1}$$

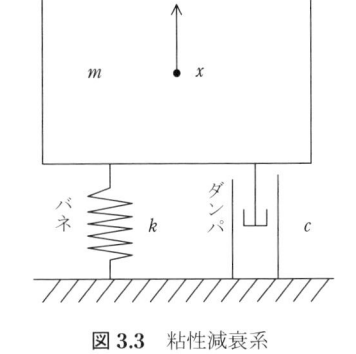

便宜上，

図3.3 粘性減衰系

$$\omega_n^2 = \frac{k}{m}, \quad 2\alpha = \frac{c}{m} \tag{3.2.2}$$

とするとき式(3.2.1)は

$$\ddot{x} + 2\alpha\dot{x} + \omega_n^2 x = 0 \tag{3.2.3}$$

さて，

$$x = ce^{\lambda t} \tag{3.2.4}$$

とすると，

$$\lambda^2 + 2\alpha\lambda + \omega_n^2 = 0 \tag{3.2.5}$$

を得る.式(3.2.5)の2根が複素数のとき,x は振動解となる.よって x の一般解は,

$$\begin{aligned}
x &= c_1 e^{\left(-\alpha + i\sqrt{\omega_n^2 - \alpha^2}\right)t} + c_2 e^{\left(-\alpha - i\sqrt{\omega_n^2 - \alpha^2}\right)t} \\
&= e^{-\alpha t}\left\{(c_1 + c_2)\cos\sqrt{\omega_n^2 - \alpha^2}\,t + i(c_1 - c_2)\sin\sqrt{\omega_n^2 - \alpha^2}\,t\right\} \\
\therefore x &= e^{-\alpha t}\left\{A\cos\sqrt{\omega_n^2 - \alpha^2}\,t + B\sin\sqrt{\omega_n^2 - \alpha^2}\,t\right\}
\end{aligned} \tag{3.2.6}$$

あるいは

$$\left.\begin{aligned}
x &= a_0 e^{-\alpha t}\cos\left(\sqrt{\omega_n^2 - \alpha^2}\,t + \beta\right) \\
\therefore a_0 &= \sqrt{A^2 + B^2}, \quad \beta = \tan^{-1}\left(-\frac{B}{A}\right)
\end{aligned}\right\} \tag{3.2.7}$$

さて初期条件として $t=0$ のとき $x=x_0$,$\dot{x}=v_0$ を,式(3.2.6)に代入すると,

$$\left.\begin{aligned}
A &= x_0 \\
B &= \frac{v_0 + \alpha x_0}{\sqrt{\omega_n^2 - \alpha^2}}
\end{aligned}\right\} \tag{3.2.8}$$

このとき振動の様子を図示すると図3.4のように,1回1回の振動は調和

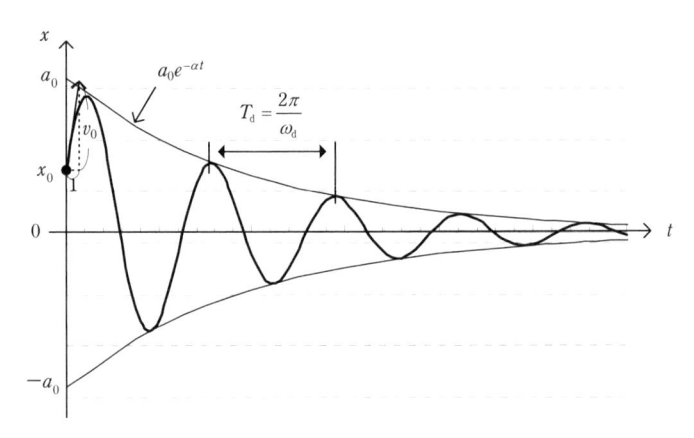

図3.4 粘性減衰系の自由振動

振動的な波形をしつつ,振幅は時間と共に減少していく減衰振動となる.

このときの振動数 ω_d は,

$$\omega_d = \sqrt{\omega_n^2 - \alpha^2} \tag{3.2.9}$$

であり,ω_d を減衰固有振動と呼ぶ.また,$\alpha = \omega_n$ のときは $\omega_d = 0$ となり振動とならない臨界減衰の状態と呼ばれている.つまり式(3.2.2)より,

$$c_c = 2\sqrt{km} \tag{3.2.10}$$

このときの減衰係数 c_c を臨界減衰係数と呼び,

$$\zeta = \frac{c}{c_c} \tag{3.2.11}$$

で表される ζ を粘性減衰系の減衰率と呼んでいる.

3.3 強制振動[2]

ここでは粘性減衰系の強制振動について扱う.質量 m の物体の運動方程式は,

$$m\ddot{x} = -k(x - y) - c(\dot{x} - \dot{y}) \tag{3.3.1}$$

$k/m = \omega_n^2$ および,式(3.2.10)(3.2.11)より

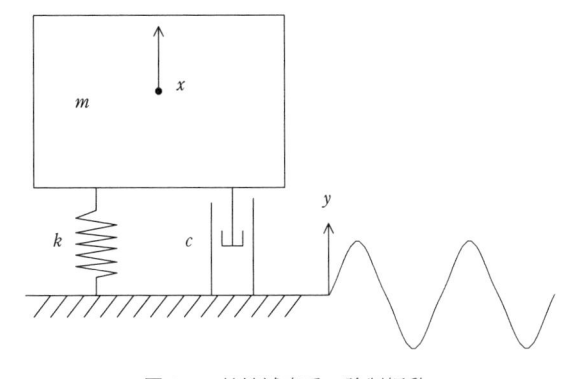

図 3.5 粘性減衰系の強制振動

$$\frac{c}{m} = 2\omega_n \zeta \tag{3.3.2}$$

とし，さらに，強制振動変位 y が複素振幅 a，角振動数 ω で表現され，物体の変位 x が同じ角振動数で複素振幅 A の振動をしているときは，

$$x = Ae^{i\omega t}, \quad y = ae^{i\omega t} \tag{3.3.3}$$

式(3.3.1)は以下のように変形される．

$$A(-\omega^2 + 2i\omega_n\omega\zeta + \omega_n^2)e^{i\omega t} = a(2i\omega_n\omega\zeta + \omega_n^2)e^{i\omega t} \tag{3.3.4}$$

さて，床面と質量部の振幅比を振動伝達率 T_r とすると，式(3.3.4)より

$$|T_\mathrm{r}| = \left|\frac{A}{a}\right| = \left|\frac{\omega_n^2 + 2i\zeta\omega_n\omega}{\omega_n^2 + 2i\zeta\omega_n\omega - \omega^2}\right|$$

$$= \sqrt{\frac{\omega_n^4 + (2\zeta\omega_n\omega)^2}{(\omega_n^2 - \omega^2)^2 + (2\zeta\omega_n\omega)^2}} \tag{3.3.5}$$

$\omega = 2\pi f$, $\omega_n = 2\pi f_n$ を代入すれば，

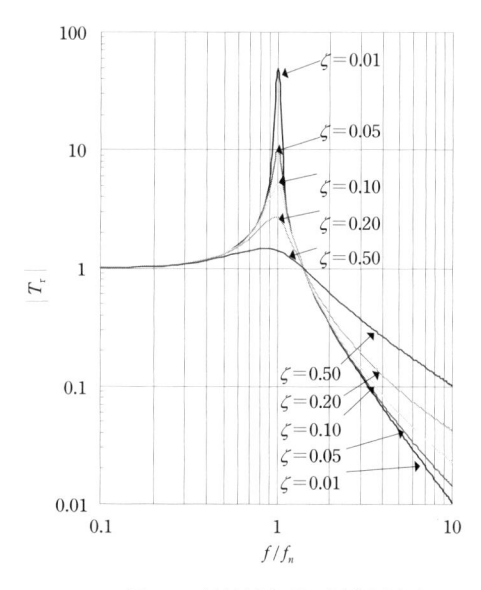

図 3.6 粘性減衰系の振動伝達率

$$|T_\mathrm{r}| = \sqrt{\frac{1+(2\zeta f/f_n)^2}{\{1-(f/f_n)^2\}^2+(2\zeta f/f_n)^2}} \tag{3.3.6}$$

振動数比 (f/f_n) と振動伝達率 $|T_\mathrm{r}|$ の関係を，ζ をパラメータにして表せば，図 3.6 のようになる．

また，減衰がないとき（$\zeta=0$）は，式(3.3.6)は次式となり，

$$T_\mathrm{r} = \frac{1}{1-(f/f_n)^2} \tag{3.3.7}$$

振動数比 (f/f_n) と T_r の関係を図示すると図 3.7 のようになる．このように強制振動数 f が線形バネ-質量系の固有周波数 f_n と一致するとき（$f/f_n=1$）は，振動伝達率は無限大となり，この状態を共振（resonance）と呼ぶ．

また，$f/f_n<1$ のときは $T_\mathrm{r}>0$ であり，床面と物体が同位相で振動し，$f/f_n>1$ のときは $T_\mathrm{r}<0$ となり，床面と物体は逆位相の振動となる．

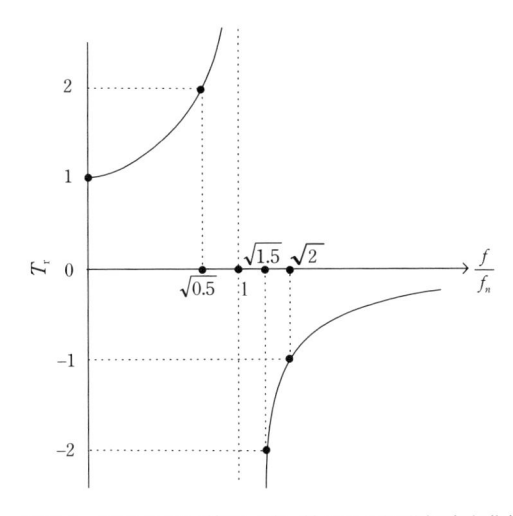

図 3.7 減衰のない線形バネ-質量系の振動伝達率曲線

【例題】

右図のように，1g 吊るすと 1cm 伸びる線形バネ（バネ定数 $k=1$gf/cm）に，$m=10$g を吊るし，上端を振幅 3cm で上下動させる．上下動の周波数が 5/6Hz と 5Hz の 2 つの場合で，下端質量 m 部の上下動の振幅と上端・下端の上下動の位相の関係を示せ．

ただし，重力加速度を 10m/s^2，円周率を 3 と近似せよ．

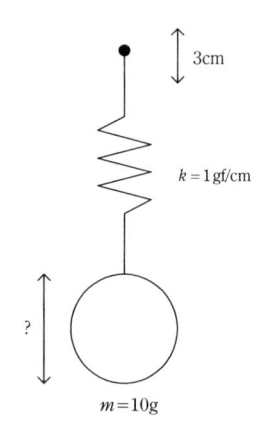

【解答】

まずバネの下端に 10g を吊るしたときのバネの伸びを x_{st} とすると，力の釣り合いより，

$$mg = kx_{\mathrm{st}}$$

となり，題意より $x_{\mathrm{st}} = 0.1$ (m) である．上式と式(3.1.3)(3.2.2)より，この線形バネ-質量系の固有周波数 f_n は，

$$f_n = \frac{1}{2\pi}\sqrt{\frac{k}{m}} = \frac{1}{2\pi}\sqrt{\frac{g}{x_{\mathrm{st}}}} = \frac{1}{2\times 3}\sqrt{\frac{10}{0.1}} = \frac{5}{3}\,(\mathrm{Hz})$$

となる．

上端の周波数 f が 5/6 Hz のとき，

$$\frac{f}{f_n} = \frac{5/6}{5/3} = \frac{1}{2}$$

なので，式(3.3.7)より下端質量部の振幅は，

$$T_r \times 3\,(\mathrm{cm}) = \frac{4}{3} \times 3 = 4\,\mathrm{cm} \quad (\text{同位相})$$

同様に $f=5$Hz の場合は，$f/f_n = 3$

$$T_r \times 3\,(\mathrm{cm}) = -\frac{1}{8} \times 3 = -\frac{3}{8}\,\mathrm{cm} \quad (\text{逆位相})$$

3.4 不規則振動[3]

包装品がトラックなどの輸送機関の荷台に積載されているときには，振動外力を受ける．荷台振動は，これまで述べたような周波数と振幅が一定な振動ではなく，それらが常に変化する図 3.8 に示すような不規則な振動である．

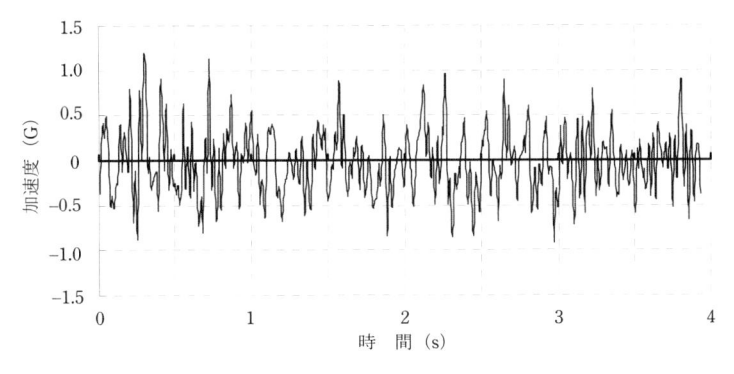

図 3.8 荷台振動の計測例

不規則な荷台振動波形 $x(t)$ の振動レベルは次の実効値（x_{rms}：自乗平均値の平方根，rms：root mean square）で表現される．

$$x_{rms} = \sqrt{\frac{1}{T}\int_0^T x^2(t)\mathrm{d}t} \qquad (3.4.1)$$

ここで，T は平均化の時間であり，荷台振動の場合には計測サンプリングされた時間である．

ところで，$x(t)$ の平均値 $\bar{x}$ のまわりのばらつきを表す量を分散（variance）と呼び，次式で与えられ，

$$\sigma^2 = \frac{1}{T}\int_0^T (x-\bar{x})^2 \mathrm{d}t \qquad (3.4.2)$$

その平方根のうち正のものを標準偏差（standard deviation）という．従って，平均値 $\bar{x} = 0$ のランダム振動 $x(t)$ の標準偏差は実効値のことである．また，様々な工学上の不規則現象問題に対して，正規分布（normal distribution）あるいはガウス分布（Gaussian distribution）と呼ばれる確率分布が適用される．荷台の不規則振動のうち，衝撃的な波形を除いたランダム振動の瞬時値 $x(t)$

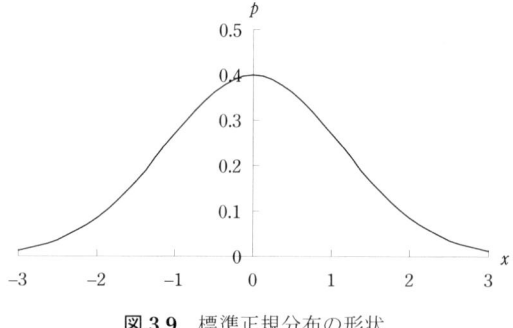

図 3.9 標準正規分布の形状

についても同様であり，その確率密度関数 $p(x)$ は

$$p(x) = \frac{1}{\sigma\sqrt{2\pi}} e^{-\frac{(x-\bar{x})^2}{2\sigma^2}} \tag{3.4.3}$$

で表される．ここで，平均値 $\bar{x}$ が 0，標準偏差（すなわち実効値）σ が 1 の場合を標準正規分布（standard normal distribution）といい，図 3.9 のような形状となる．

正規分布においては平均値 $\bar{x}$ の $\pm 3\sigma$ までの範囲内にランダム振動の瞬時値 $x(t)$ のほとんど（99.7%）が含まれる．

また，瞬時値 $x(t)$ の確率密度関数が正規分布となる場合，$x(t)$ の絶対値 $|x(t)|$ の極大値 x_p（$|x(t)|$ の時間に関する 1 階微分値が 0，2 階微分値が負を満足する

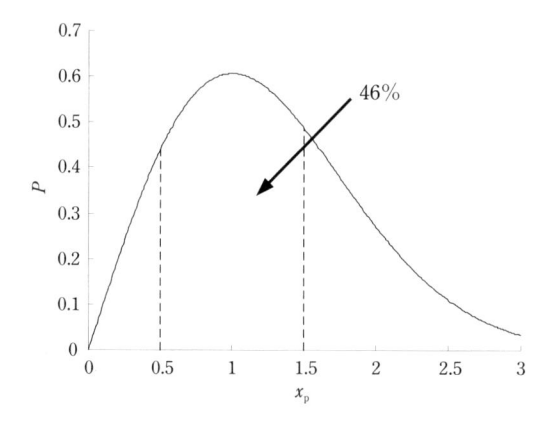

図 3.10 レイリー分布の形状

全ての点) の確率密度関数 $P(x_p)$ は，次式のようなレイリー分布（図 3.10）となることが知られている．

$$P(x_p) = x_p \cdot \exp\left(-\frac{x_p^2}{2}\right) \quad ; \quad x_p > 0 \tag{3.4.4}$$

従って，得られたランダム振動の極値だけを取り出せば，図 3.10 よりそれらの値の 46% が，ランダム振動 $x(t)$ の実効値 x_{rms} の ±50% の範囲内にある．

3.5 フーリエ展開[4]

複雑な波形 $x(t)$ が，同じ形を基本周期 T で繰り返すのであれば，次式のように複数の単純な正弦波と余弦波の級数として表現でき，それをフーリエ級数と呼ぶ．

$$\left.\begin{aligned}x(t) &= a_0 + \sum_{n=1}^{N}\{a_n\cos(n\omega t) + b_n\sin(n\omega t)\} \\ \omega &= \frac{2\pi}{T}\end{aligned}\right\} \tag{3.5.1}$$

いま，N が大きいほどより複雑な波形となり，N を ∞ にとればいかなる複雑な波形も再現可能である．

さて，$a_n\,(n=0, 1, ..., N)$，$b_n\,(n=0, 1, ..., N)$ はフーリエ係数であり，以下のように $x(t)$ からフーリエ展開を行うことによって求めることができる．

$$\left.\begin{aligned}a_0 &= \frac{1}{T}\int_0^T x(t)\,\mathrm{d}t \\ a_n &= \frac{2}{T}\int_0^T x(t)\cos(n\omega t)\,\mathrm{d}t \\ b_n &= \frac{2}{T}\int_0^T x(t)\sin(n\omega t)\,\mathrm{d}t\end{aligned}\right\}(n=1, 2, ..., N) \tag{3.5.2}$$

ここで，N と T を ∞ にとり，単振動を三角関数から複素数（指数関数）表現に変更すると，フーリエ展開は次節で述べるフーリエ変換に置き換えられる．

【例題】

式(3.5.1)で示されるフーリエ級数において，$N=3$，$T=10$s，$(a_0, a_1, a_2, a_3)=(8, 3, 2, 1)$，$(b_1, b_2, b_3)=(2, 4, 3)$ のとき，波形は図3.11のようになる．さて，図3.11のような波形 x が1秒間隔ごとに10点測定されるとき，フーリエ係数を求めてみよう．

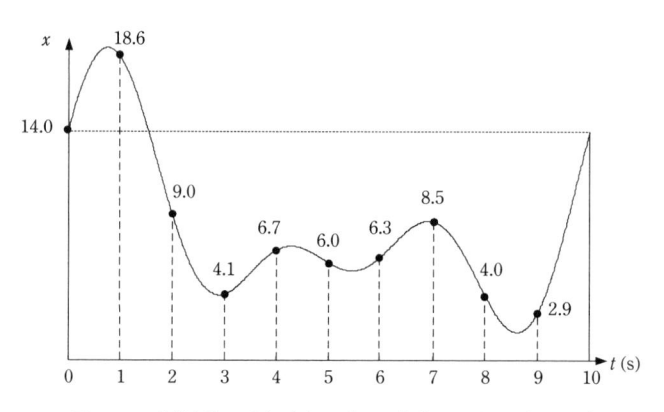

図3.11 単振動の重ね合わせ波のデジタルサンプリング

【解答】

式(3.5.2)において，$dt \to \Delta t$，k を0番目から $(N-1)$ 番目までの N 個とると，

$$t = k \cdot \Delta t, \quad T = N \cdot \Delta t, \quad \omega t = \frac{2\pi k}{N} \tag{3.5.3}$$

となり，離散化されたフーリエ展開は以下のようになる．

$$\left.\begin{aligned}
a_0 &= \frac{1}{N \cdot \Delta t} \sum_{k=0}^{N-1} x(k\Delta t) \Delta t \\
a_n &= \frac{2}{N \cdot \Delta t} \sum_{k=0}^{N-1} \left[x(k\Delta t) \cos\left(n\frac{2\pi k}{N}\right) \Delta t \right] \\
b_n &= \frac{2}{N \cdot \Delta t} \sum_{k=1}^{N-1} \left[x(k\Delta t) \sin\left(n\frac{2\pi k}{N}\right) \Delta t \right]
\end{aligned}\right\} \tag{3.5.4}$$

ここでは，$\Delta t = 1$s，$N=10$ であるから，式(3.5.4)の計算は表3.1のようになる．つまり，図3.11で示されるように，非常におおまかにサンプリン

3.5 フーリエ展開

表 3.1 離散フーリエ展開の計算例

t	$x(t)$	$\cos\omega t$	$\sin\omega t$	$\cos 2\omega t$	$\sin 2\omega t$	$\cos 3\omega t$	$\sin 3\omega t$	$\cos 4\omega t$	$\sin 4\omega t$	$x(t)\cos\omega t$	$x(t)\sin\omega t$	$x(t)\cos 2\omega t$	$x(t)\sin 2\omega t$	$x(t)\cos 3\omega t$	$x(t)\sin 3\omega t$	$x(t)\cos 4\omega t$	$x(t)\sin 4\omega t$
0.00	14.00	1.00	0.00	1.00	0.00	1.00	0.00	1.00	0.00	14.00	0.00	14.00	0.00	14.00	0.00	14.00	0.00
1.00	18.60	0.81	0.59	0.31	0.95	-0.31	0.95	-0.81	0.59	15.05	10.93	5.75	17.69	-5.75	17.69	-15.05	10.93
2.00	9.00	0.31	0.95	-0.81	0.59	-0.81	-0.59	0.31	-0.95	2.78	8.56	-7.28	5.29	-7.28	-5.29	2.78	-8.56
3.00	4.10	-0.31	0.95	-0.81	-0.59	0.81	-0.59	0.31	0.95	-1.27	3.90	-3.32	-2.41	3.32	-2.41	1.27	3.90
4.00	6.70	-0.81	0.59	0.31	-0.95	0.31	0.95	-0.81	-0.59	-5.42	3.94	2.07	-6.37	2.07	6.37	-5.42	-3.94
5.00	6.00	-1.00	0.00	1.00	0.00	-1.00	0.00	1.00	0.00	-6.00	0.00	6.00	0.00	-6.00	0.00	6.00	0.00
6.00	6.30	-0.81	-0.59	0.31	0.95	0.31	-0.95	-0.81	0.59	-5.10	-3.70	1.95	5.99	1.95	-5.99	-5.10	3.70
7.00	8.40	-0.31	-0.95	-0.81	0.59	0.81	0.59	0.31	-0.95	-2.60	-7.99	-6.80	4.94	6.80	4.94	2.60	-7.99
8.00	4.00	0.31	-0.95	-0.81	-0.59	-0.81	0.59	0.31	0.95	1.24	-3.80	-3.24	-2.35	-3.24	2.35	1.24	3.80
9.00	2.90	0.81	-0.59	0.31	-0.95	-0.31	-0.95	-0.81	-0.59	2.35	-1.70	0.90	-2.76	-0.90	-2.76	-2.35	-1.7
Σ	80.00	—	—	—	—	—	—	—	—	15.03	10.13	10.03	20.02	4.97	14.90	-0.03	0.15
—	$\times\dfrac{1}{T}$	—	—	—	—	—	—	—	—	$\times\dfrac{2}{T}$	$\times\dfrac{2}{T}$	$\times\dfrac{2}{T}$	$\times\dfrac{2}{T}$	$\times\dfrac{2}{T}$	$\times\dfrac{2}{T}$	$\times\dfrac{2}{T}$	$\times\dfrac{2}{T}$
—	$a_0=8.01$	—	—	—	—	—	—	—	—	$a_1=3.01$	$b_1=2.03$	$a_2=2.01$	$b_2=4.00$	$a_3=0.99$	$b_3=2.98$	$a_4=-0.01$	$b_4=0.03$

← a_0 a_1 ← a_2 ← a_3 ← b_1 ← b_2 ← b_3

$x(t) = 8 + 3\cos\omega t + 2\cos 2\omega t + 1\cos 3\omega t + 2\sin\omega t + 4\sin 2\omega t + 3\sin 3\omega t$

グされたデジタルデータを用いてもフーリエ係数（各周波数成分の振幅値）を概算できることが分かる．

荷台振動に限らず，デジタルサンプリングされた不規則信号は，FFT（高速フーリエ変換：Fast Fourier Transform）というアルゴリズムによって処理され，不規則信号を構成する周波数ごとの振幅が求められる．その詳細な説明は，参考図書[5]にゆずるが，いずれにしてもその中味は，以上のような単純な繰り返し計算が行われている．

3.6　スペクトル解析[1]

ランダム振動は，無限個の様々な周波数および振幅をもった調和振動を重ね合わせた周期無限大の定常不規則振動過程 $x(t)$ であり，そのフーリエ変換（Fourier transform）$X(f)$ との間に次式が成り立っている．

$$X(f) = \int_{-\infty}^{\infty} x(t) e^{-i2\pi f t} dt \qquad (3.6.1)$$

これは，時間領域の情報であるランダム振動 $x(t)$ を，周波数領域に変換することを意味している．このように時間的に変化する現象を周波数の世界に置き換えて分析することを，スペクトル解析（spectrum analysis）あるいは調和解析という．

一般に荷台の加速度波は，周波数領域にスペクトル解析され，加速度のパワースペクトル密度 $G_x(f)$（PSD：Power Spectrum Density）を縦軸に，周波数を横軸にとった図 3.12 のような PSD チャートで表現される．

ここにランダム振動 $x(t)$ のフーリエ変換 $X(t)$ とパワースペクトル密度 $G_x(f)$ は以下の関係にある．

$$G_x(f) = \lim_{T \to \infty} \frac{|X(f)|^2}{T} \qquad (3.6.2)$$

PSD チャートは高速フーリエ変換（FFT）を用いた FFT アナライザによって算出できる．PSD チャートを用いてランダム振動特性を理解することのメリットは，ランダム振動を構成する調和成分波のうち卓越する周波数を特定でき，固有周波数との共振を事前に防止したり制振対策を講じること

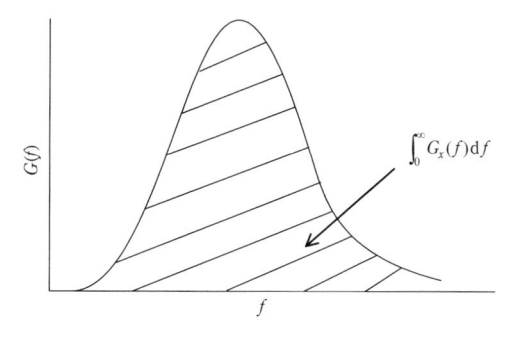

図 3.12　PSD チャート

ができることにある．

　また図 3.12 で示される PSD チャートの斜線部分の面積はランダム振動の自乗平均（rms 値の自乗），すなわちパワーに比例した値となっている．これが，パワースペクトル密度と呼ばれるゆえんであり，式(3.4.1)によって示されるランダム振動 $x(t)$ の実効値 x_{rms} は，次式よっても求めることができる．

$$x_{\mathrm{rms}} = \sqrt{\overline{x^2}} = \sqrt{\int_0^\infty G_x(f)\mathrm{d}f} \tag{3.6.3}$$

3.7　振動易損性[6]

　作用する外力が，1 回の作用（衝撃）だけでは損傷を生じるまでには至らなくても，繰り返し作用（振動）することにより大きな損傷が生じる場合がある．振動により生じる異常のうち，一部または全体の損傷については，金属材料分野の疲労破壊の考え方が適用できる．ただしネジの緩みなどによる「がた」や，表面のこすれによる傷つきについては，理論的な背景が十分に確立されていない．

　振動による疲労損傷は，線形損傷蓄積の考え方で理解されることが多い．すなわち，応力振幅 S を N 回受けると損傷する場合，1 回の応力につき $1/N$ の損傷が蓄積され，n 回の応力が繰り返された後の損傷度 D は，

$$D = \frac{n}{N} \tag{3.7.1}$$

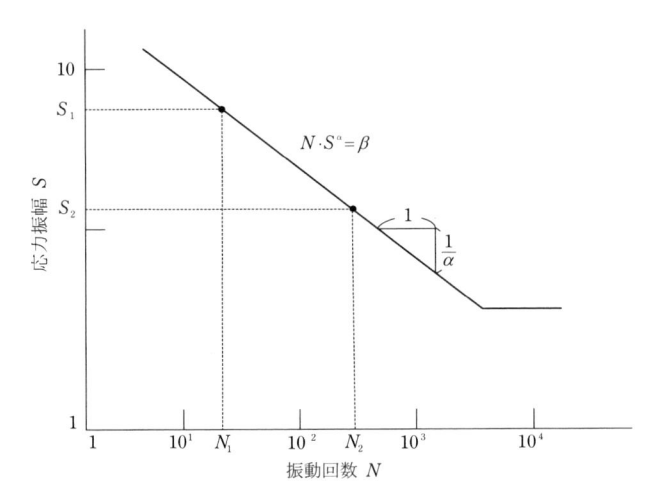

図 3.13 疲労損傷する場合の振動回数と応力振幅の関係

と定義される.

物体の振動に対する耐性(耐性振動または振動易損性)は,図 3.13 で示すような「S-N 曲線」で表される.本来 S は応力であるが,内容品に作用する応力が,作用する振動加速度に比例することを利用して,振動加速度のピーク値(ピーク G 値)で代用することもある.図 3.13 は「大きな応力 S_1 が N_1 作用すれば損傷するが,応力が小さく(S_2)なれば,多数回(N_2)の振動まで損傷しない」ことを意味している.図 3.13 に示すように N と S が両対数グラフ上で右下がり直線の関係にあるとき,これらの関係は,以下のように示される.

$$N \cdot S^\alpha = \beta \quad (3.7.2)$$

ここでの α,β は物体固有の値であり,繰り返し荷重試験(振動試験)によって実験的に求める必要がある.

参考文献

1) 高山臣旦:振動の基礎知識,包装技術別冊,pp.6-18,日本包装技術協会(1992)
2) Harris and Piersol : Shock and Vibration Handbook, 5th Edition, Chapter 2, pp.2.1–

2.32, McGraw-Hill(2002)
3) 斎藤勝彦：輸送包装の科学，pp.42-51，日本包装学会(2004)
4) ヒッポファミリークラブ：フーリエの冒険，p.427，言語交流研究所ヒッポファミリークラブ(1988)
5) 三上直樹：はじめて学ぶディジタル・フィルタと高速フーリエ変換，CQ出版社(2005)
6) 河野澄夫，岩元睦夫：輸送シミュレーション技術，包装技術別冊，pp.98-106，日本包装技術協会(1992)

4章　緩衝包装設計のコンセプトと設計フロー

4.1 緩衝設計の考え方

4.1.1 緩衝設計の基本ステップ

　緩衝設計は包装設計の一部であるから，緩衝設計が包装設計の流れの中で占める位置を確認しておこう．包装設計全体のフローは，図4.1に示すような形が一般的である．

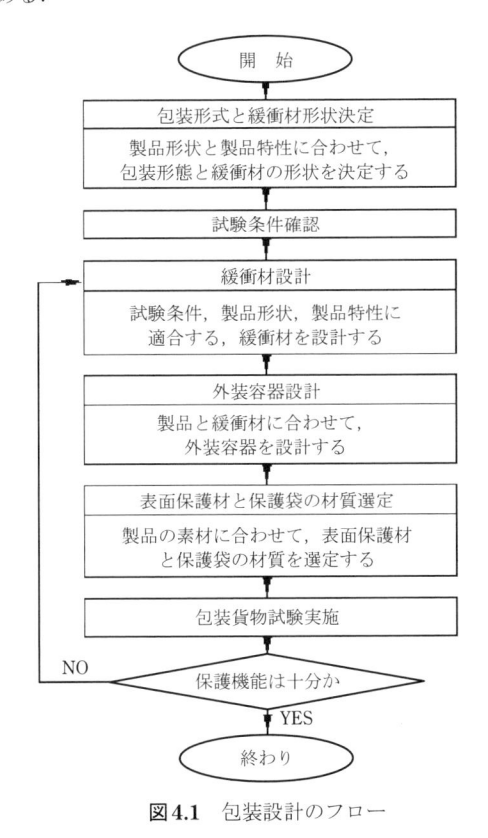

```
        ┌─────────┐
        │  開 始  │
        └────┬────┘
             ▼
    ┌────────────────────┐
    │  包装形式と緩衝材形状決定  │
    │  製品形状と製品特性に合わせて，│
    │  包装形態と緩衝材の形状を決定する│
    └────────┬───────────┘
             ▼
    ┌────────────────────┐
    │    試験条件確認     │
    └────────┬───────────┘
             ▼
    ┌────────────────────┐
    │     緩衝材設計      │
    │  試験条件，製品形状，製品特性に│
    │  適合する，緩衝材を設計する │
    └────────┬───────────┘
             ▼
    ┌────────────────────┐
    │    外装容器設計     │
    │  製品と緩衝材に合わせて，│
    │  外装容器を設計する  │
    └────────┬───────────┘
             ▼
    ┌────────────────────┐
    │ 表面保護材と保護袋の材質選定 │
    │ 製品の素材に合わせて，表面保護材│
    │ と保護袋の材質を選定する │
    └────────┬───────────┘
             ▼
    ┌────────────────────┐
    │    包装貨物試験実施   │
    └────────┬───────────┘
             ▼
       ◇ 保護機能は十分か ◇──NO──┐
             │ YES              │
             ▼                  │
        ┌─────────┐              │
        │  終わり │              │
        └─────────┘              │
                  （NOの場合，緩衝材設計へ戻る）
```

図4.1　包装設計のフロー

緩衝材の設計は図4.1に示すように，包装設計のほとんど最初に位置するステップであると共に，最も重要で時間がかかるステップでもある．包装形式と緩衝材形状決定や，表面保護材などの選定は，包装ライン自動化との関連もあり，従来の同種製品の方式を継承することが多いので，ほとんど時間がかかることはないし，新製品の場合でも，従来の類似機種の包装仕様を参考にすることが多いため，基本的な方向決定に時間がかかることはない．包装貨物試験の試験条件は，試験規格としてあらかじめ決まっており，包装容器設計や包装貨物試験もさほど多くの時間を必要とするわけではない．従って緩衝設計が完了すれば，包装設計作業は90％以上完了したといえるのである．

上述のとおり，緩衝材の設計は非常に重要な位置を占めているのだが，実際の包装設計作業の中で，緩衝設計はどのような考え方で行われているかを整理しておこう．緩衝材は別名「緩衝固定材」ともいわれることで明らかなように，緩衝機能と固定機能の双方が要求される．実際の包装品について考えると，緩衝機能がその役割を果たす機会はさほど多くないのに対し，固定機能については，すべての包装材がその役割を果たさないと，消費者の手元に製品を安全に届けるのは不可能であり，非常に重要な機能なのである．

固定機能を満足するためには，製品の外形に合わせた緩衝材を作製して，製品全体を緩衝材でがっちり固定してしまえば簡単なのだが（現場発泡ウレタンによる包装システムは，まさにこの方法を採っている），緩衝材の受圧面積が大きすぎることになるので大きな衝撃が発生しやすく，緩衝材の厚さを厚くして緩衝機能を確保する必要があるため，材料使用量が増加して貴重な資源を無駄に消費することになるだけでなく，自動化された生産ラインでのスピードに追随するのも難しく，電子機器やAV機器など，一般貨物の包装には適さない包装方法であるといえる．そのため緩衝設計では，適切な素材を用いて製品形状に適合した形状寸法の緩衝材を作製しておき，適当なタイミングで包装ラインに供給するという方法が採用されており，この方法に適した緩衝設計を行うことが求められる．

上記から明らかなように，適正な包装設計を行うためには，製品の情報をきちんと把握することが非常に重要である．従って，緩衝設計に当たって最

初に行うべき項目は，製品各部の寸法や質量，重心位置などの物理データ，および，受圧可能部分と受圧面積の確認を行うことであり，次に製品の耐衝撃特性，耐荷重特性，振動特性の3つの強度特性を把握することである．

製品の寸法形状や総質量などの情報は，製品設計セクションから提供されるのが基本である．最近では，製品設計はCADを利用して行われるようになっており，製品データの詳細はCADデータとして提供され，詳細な数値の確認を簡単に行うことが可能である．

受圧可能部分に関しては，製品の構造設計によって機種ごとに大きな差が生じることがあるため，製品に関するある程度の知識が要求される．特に新製品については，従来の知識だけでは判断できない部分も多いため，設計者との十分な情報交換が必要である．

製品の強度特性については，設計者からデータを提供されるのが基本であるが，設計者がこのデータを十分把握していない場合は，包装設計者が自分で確認を行う必要がある．この場合，後述する各種の製品強度確認試験を実施して，必要なデータを計測することになるが，包装設計者に設計依頼が行われる段階では試作品が完成していないことが多いので，状況によっては生産計画を確認した上で，製品強度特性は推定強度特性データで代用して包装設計を行い，試作品ができた段階で確認試験を行って，事前に設計した緩衝材のデータを修正して緩衝材仕様を決定するなど，綱渡り的な作業が必要になる場合もある．

次は，実際の緩衝材を設計するというステップだが，生産ラインとの関係に注意することが重要である．最近の生産ラインでは包装作業も自動化されていることが多いのだが，その場合は自動化ラインに適合した仕様にする必要があるし，緩衝材の挿入も手作業と自動機器ではクリアランスの採り方が異なるなど，いくつか配慮が必要な項目が存在するためである．

次にやっと，緩衝材の仕様を決めるというステップになる．このステップが包装設計のメイン作業であり，最も手間のかかる作業でもある．このステップの詳細内容は，7章で詳述する．

完成した図面に従って緩衝材（および外装容器など）を試作し，包装の保護性確認試験を行う．実際の作業の内容は，8章に詳述する．この試験に合格

すれば出荷できるのだが，不合格の場合は再度緩衝材の仕様決定に戻り，仕様を修正して試験を行うという作業を合格するまで繰り返すことになる．

以上が，メーカーの包装設計担当者が実際に包装開発を行う場合の作業手順である．

4.1.2 緩衝設計のポイント

緩衝設計を行うに当たり，ポイントとなる項目を整理しておこう．緩衝設計で最も重要な項目は，製品の保護であることは当然であるが，そのほかにも配慮を必要とするいくつかのポイントがある．

(1) 緩衝機能

緩衝設計の最優先事項は，内容品の保護である．輸送中に包装に加わると想定される外力から内容品を保護することが，緩衝設計の最大のポイントである．保護性の確保は，包装試験規格に合格することで満足される．

詳細内容は6章で説明するが，包装貨物試験の試験条件を決めるのも，包装設計者の仕事である．家電製品や精密機器などを生産している大手のメーカーはほとんどが自社の輸送ルートに適合した試験規格を定めており，その規格に従って包装貨物試験を実施して包装の良否を確認しているが，試験規格は包装設計者が実際に輸送試験を行って輸送衝撃データを計測し，その結果に基づいて試験規格案を作成し，品質保証（品証／検査）部門と協議し調整して規格化しているのが実情であり，これも包装設計者にとっては重要な業務の1つなのである．

(2) 固定機能

緩衝機能と共に重要な項目が，固定機能である．包装の内部で内容品が確実に固定されていなければ，内容品を安全に消費者の手元に届けることは不可能である．従って，緩衝機能と固定機能は同レベルで重視する必要がある．通常は緩衝材自身が製品固定機能を果たしているため，緩衝材の形状と寸法が適切に設計されているか否かが，両機能の満足度を決定することになる．

パルプ系の材料を使用する場合，緩衝材の種類によっては復元性が乏しいものがあり，繰り返し外力を受けると固定機能が十分確保できない場合があるので，この欠点を補うことができるような緩衝材構造を採用すべきである

ことにも注意が必要である．

(3) 積載効率と保管効率

　輸送コストを決定するのは，輸送機器への積載効率と倉庫での保管効率である．特に積載効率は輸送コストを決定づける重要な要素であるため，この数値が高くなるように包装寸法を決めることが，非常に重要である．

　包装品の外寸を変える要因は，製品寸法と緩衝材の寸法である．製品寸法は，基本的には製品のデザイナーと機構設計者が決めるもので，包装サイドは関係ないのが普通であるが，製品設計者に包装完成時の包装外寸と積載効率が推定できる資料を渡しておき（最近はCADで図面化することが多くなっているので，CADソフトと連動するPCソフトにしておくと使い勝手がよい），製品設計完了時点で包装完成時の外寸と積載効率を推定できるようにしておくと，製品設計者自身が適切な製品寸法になるように配慮してくれることもある．工業製品の場合，製品設計者がコスト責任を負っているためである．図4.2に輸送機器への積載効率の計算結果の例を表示しておく．

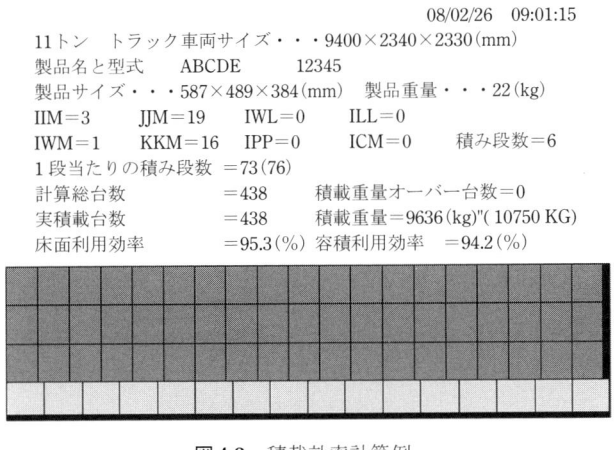

```
                                    08/02/26  09:01:15
11トン　トラック車両サイズ・・・9400×2340×2330(mm)
製品名と型式　　ABCDE　　12345
製品サイズ・・・587×489×384(mm)　製品重量・・・22(kg)
IIM＝3        JJM＝19      IWL＝0        ILL＝0
IWM＝1        KKM＝16      IPP＝0        ICM＝0        積み段数＝6
1段当たりの積み段数＝73(76)
計算総台数       ＝438     積載重量オーバー台数＝0
実積載台数       ＝438     積載重量＝9636(kg)"( 10750 KG)
床面利用効率     ＝95.3(%)  容積利用効率   ＝94.2(%)
```

図4.2　積載効率計算例

　緩衝材の寸法は，緩衝設計の良し悪しにかかってくる問題で，包装設計者の設計技術に依存する．包装設計者は，設計段階で積載効率を十分確認しながら，緩衝設計を行う必要がある．

　なお段ボールについては，最近は両面段ボールが使われることが多いので，

通常の場合ほとんど気にする必要はないが，複両面以上の段ボールを使用する場合は，その厚さも考慮する必要がある．

(4) 資源の有効活用と環境への影響

発泡プラスチック系材料で作った緩衝材と，パルプ系材料で作った緩衝材を比較すると，いろいろな面で違いがあることが分かる．例えば質量を比較してみると，パルプ系材料を素材とした緩衝材は，プラスチック系材料で作製した緩衝材の数倍の質量があるのが普通で，これは物流の立場から考えると，好ましくない項目の1つである．資源の有効活用と環境という側面から比較してみると，3つの項目で大きな差が存在する．

1点目は環境への影響という問題である．発泡プラスチック系材料とパルプ系材料で作った緩衝材のLCA（Life Cycle Assessment）比較を行うと，ほと

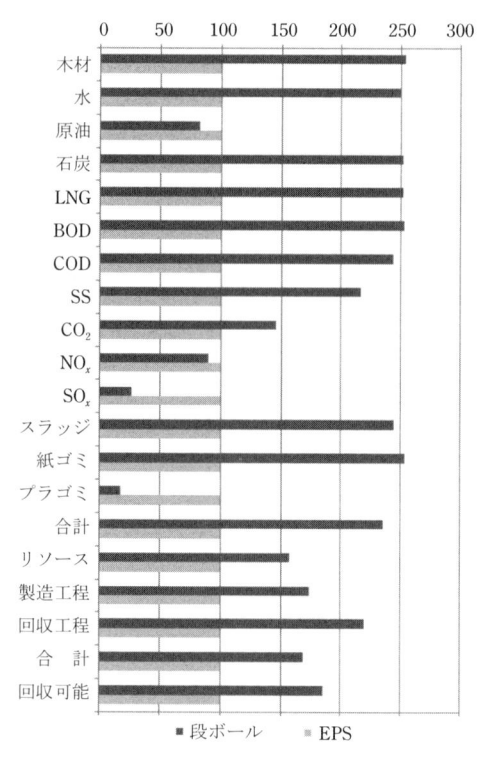

図4.3 材料とLCA

んどの場合発泡プラスチック系緩衝材の方が，環境影響が小さいという結果が得られる．図4.3は，ある家電製品の緩衝材を発泡ポリスチレン（EPS）で作製した場合と，段ボールで作製した場合のLCAに関する比較を行った結果を図にまとめたものである．結果はEPSを100として表示している．結果を見ると，段ボールの方が良好な数値が得られたのは，原油の使用量，プラスチックゴミの量，および，NO_xとSO_xの4項目だけで，その他の項目はEPSに軍配が上がっている．LCA結果を重視するか，次項の資源の有効活用を重視するかは企業の考え方の問題であり，企業の選択を是とするか非とするかは消費者が決める問題であるが，企業としては十分検討すべき課題である．

2点目は上記した資源活用の問題である．発泡プラスチック系材料の原材料は石油であり，パルプ系材料は木材パルプである（一部でバガスやケナフなど，1年生草本を原材料としたパルプも存在するが，現在のところ，実使用量は微々たるものに過ぎない）．石油は枯渇資源であり，我々の世代で利用し尽くすのではなく，将来の人類に引き継ぐべき大切な財産であるから，可能な限り使用量を削減するというのは正しい考え方であり，上記のLCAとからんで重要な視点であるといえる．（ただし，石油の消費量の内，包装関係での利用量の比率はほんのわずかに過ぎず，包装関係者の努力は焼け石に水であるという見方も存在する．）

最後に容器包装リサイクル法（容器包装に係る分別収集及び再商品化の促進等に関する法律）への対応がある．容器包装リサイクル法は，平成9年に施行されて以来企業活動の中に定着してきた感がある．この法律への対応は，企業の利益に大きな影響を与える項目であり，使用する緩衝材によって委託費用に大きな差が生じるため，材質選択が重要であることはいうまでもないことである．なお，この法律は，平成18年6月に改訂されたが，工業包装の緩衝材設計に影響する事項には，特に大きな改訂は行われていない．

(5) コストの最小化

包装を開発する目的は，生産地で生産された商品を消費者の手元に安全に届けるためであると同時に，企業に利益を得させるためである．従って当然のことながら，包装にかかる経費は可能な限り引き下げることが求められる．

使用する材料費や加工費はもちろんのこと，その包装材が使われる時の作業工数をできうる限り引き下げ，作業費も少なくてすむように配慮する必要がある．

4.1.3 その他の注意事項

上記の他にも，緩衝設計を行う際に注意すべき事項がいくつか存在する．以下にその注意事項をまとめておいた．

実際の量産向け緩衝設計では，利用できる緩衝材の素材は限定される．プラスチック系素材としては，緩衝材として多用されている発泡ポリスチレン（EPS：expand polystyrene），繰り返し特性が優れた発泡ポリエチレン（EPE：expand polyethylene），ここ数年利用量が増大してきた発泡ポリプロピレン（EPP：expand polypropylene），現場作業が可能な発泡ポリウレタン（EPU：expand polyurethane）の4種類があり，パルプ系素材としては，段ボールとパルプモールドがある．この2系統の素材は，いくつかの点で大きな違いがある．

(1) 材料特性

発泡プラスチックは等方性材料（すべての方向について同じ物理特性を持つ材料）であるが，パルプ系素材は基本的に異方性材料（方向によって物理特性が異なる材料）である．従ってパルプ系材料は，荷重を受ける方向を変えることにより，広い範囲の質量の製品に対応することが可能であるが，逆に最適設計が難しいともいえる．

また，パルプ系材料は一般に復元性が乏しいため，大きな力が加わると部分的に座屈を生じ，固定材としての機能を失うことがあるので，繰り返し応力が加わった場合の対応にも工夫が必要である．

(2) 材料による設計方法の違い

包装設計者にとって最大の違いは，設計の手法が異なるという点である．発泡プラスチック系の素材については，緩衝設計理論が確立しており，後で説明するように，数式とグラフを利用することにより緩衝設計を行うことが可能であるが，パルプ系素材は設計理論が確立しておらず，経験とノウハウを頼りに緩衝設計が行われているという違いがある（図4.4に示したソフトパ

ルプモールドなど，中実で等方性の一部素材については，発泡プラスチック系の緩衝材と同じ方法で設計を行うことが可能なものもある）．本書で説明する設計計算の手法は，発泡プラスチック系緩衝材の設計に関する内容のみで，ノウハウの要素が大きいパルプ系緩衝材については，実地で覚える以外に方法がない．

図4.4　ソフトパルプモールド

(3) 生産ラインの自動化への対応

前項でも触れたことであるが，工場の包装ラインの自動化の状況によって，包装形状が制限されたり，包装寸法設定に条件が付いたりするので，注意が必要である．自動化包装ラインでは，製品に緩衝材を当てる方式が決まっているため，緩衝材の形状が決まってしまうのが普通で，他の形状を採用することはできない．また，作業可能な寸法についても制限が存在するため，緩衝設計の自由度は大きく制限を受ける．従って包装設計者は，その制限の中で最も効率的な緩衝設計を行う必要があるため，いろいろな点に配慮しつつ設計を行わなければならない．

4.2　緩衝設計手順

緩衝設計を行うための手順をフローチャートにまとめたものを，図 4.5 に示しておく．このフローチャートの内いくつかの箇所については，現在も最適方法が確立しておらず，試行錯誤によって条件を設定するという方法によって，仕様が決定されている．

4.3　緩衝設計計算のフローチャート

図 4.6 は，前記した緩衝包装設計手順のフローチャートのうち，緩衝設計計算部分をより詳しく表したものである．必要な初期条件を定めた後，所定のグラフを利用してこのフローチャートの手順に従って計算を行えば，容易

に緩衝設計を行うことが出来る．ただし，角，稜落下の場合の計算方法については確立された方法がなく，経験によって数値を決定しているのが実情であり，段ボールなど外装箱の緩衝特性の補正係数に関しては，段ボール外装の素材の種類，外装箱形状などによって，数値が変化するため，実際の緩衝設計には製品に対する十分な知識と，ある程度の緩衝設計の経験が必要である．

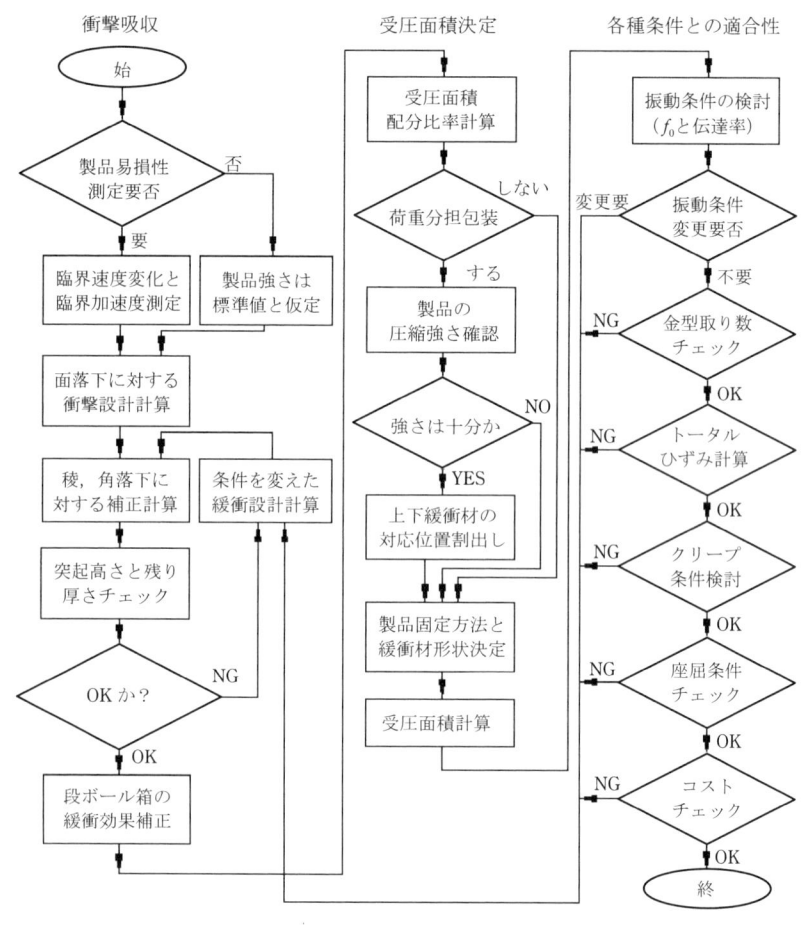

図4.5 緩衝包装設計のフロー

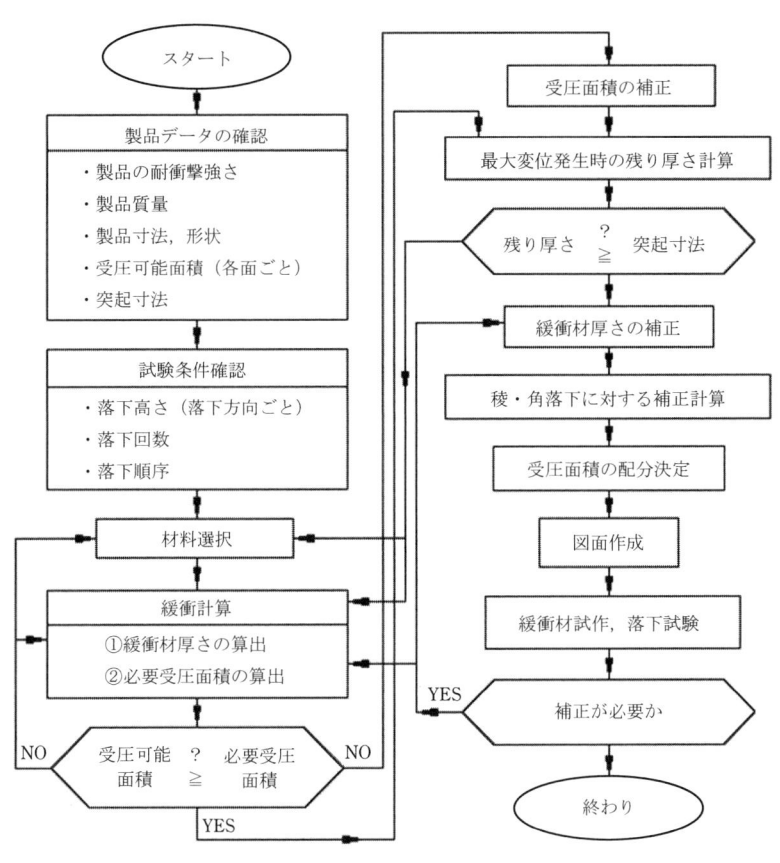

図4.6 緩衝設計計算のフロー

参 考 文 献

1) 長谷川淳英:緩衝包装設計と包装貨物試験,日刊工業新聞社(2007)
2) 水口眞一他編:輸送・工業包装の技術,フジ・テクノシステム(2002)
3) 日本包装学会編:包装の事典,朝倉書店(2001)

5章　内容品の強度特性評価

5.1　製品の強度特性

　包装設計を行う際には，事前に製品の強度特性を把握しておく必要がある．製品の強度特性は，対象となる試験項目によって内容が異なっている．包装設計に関係する製品特性としては，耐衝撃強さ（易損性），振動特性，耐圧縮強さ，製品表面のこすれ耐久性などがある．本章では製品強度特性のうち，耐衝撃強さ，振動特性，耐圧縮強さについて説明する．

5.2　製品の耐衝撃強さ

5.2.1　製品の耐衝撃強さに関する基礎知識

　製品強度特性のうち，緩衝設計に直接関係するのが耐衝撃強さである．耐衝撃強さは，易損性（fragility）と呼ばれることもある．1960年代までは，衝撃による製品破損は衝撃パルスの加速度レベルのみで評価されていた．ところが，米国海軍で研究され，宇宙開発にも応用された易損性理論（Fragility Assessment Theory）の考え方が試験装置メーカーに知られると，試験装置メーカー各社はこの理論に基づいた試験を実施できる装置を開発した．開発された試験装置が，現在使用されている製品の耐衝撃強さ試験装置である．日本では当初米国製の試験装置を使用していたが，1974年頃，国産の試験装置が市販されたのを契機として，各社に導入されることになった．

　JISに製品の耐衝撃強さの測定方法の規定が導入されたのは1994年のことで，JIS Z 0119として規定され，2002年に改訂されている．

　製品の耐衝撃強さは，製品の最も弱い箇所（脆弱箇所，易損部分などともいう）の強さで決まる．易損部分の強さは，破損を生じさせること無く加えることが出来る最大加速度と，最大速度変化という2つの値で表すことがで

きる．前者を限界加速度（critical acceleration）と呼び，後者を限界速度変化（critical velocity-change）と呼んでいる．限界速度変化は波形にかかわらず一定の値をとるが，限界加速度は波形と衝撃パルスの持続時間によって異なった値をとる．

速度変化とは加速度波形の下の面積のことで，落下高さにリンクしており，ディメンションで表記すると加速度（cm/s^2）×パルス幅（＝時間：s）の形で表され，単位は（cm/s）となるので速度変化と呼ばれている．

製品の易損部分への衝撃伝達経路をモデル化すると，図 5.1 に示すように，一般に複雑な多自由度系となっており，加えられた衝撃波形によって各部分の応答状態が異なるため，限界加速度の値は異なったものとなる．各種波形に対する破損限界を図 5.2 に示しておく．あらゆる波形の衝撃のうち，衝撃波形が矩形波である場合の限界加速度が最も低く，パルス幅にかかわらず一定である．矩形波に対する限界加速度を，特に製品の「易損度（critical acceleration for rectangular pulse）」と呼び，加わった加速度がこの値以下であれば加速度波形にかかわらず製品破損は生じないという，衝撃加速度の下限を示している．

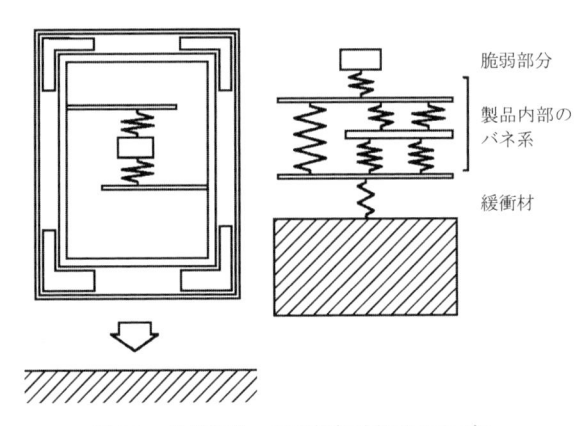

図 5.1 易損部分への衝撃伝達経路のモデル

一般に「製品の耐衝撃強さ」「最大許容加速度」「製品のGファクター」などといわれる値は，半正弦波に対する破損限界加速度のことで，図 5.2 に示すとおり衝撃波形の速度変化によって異なり，矩形波に対する限界加速度

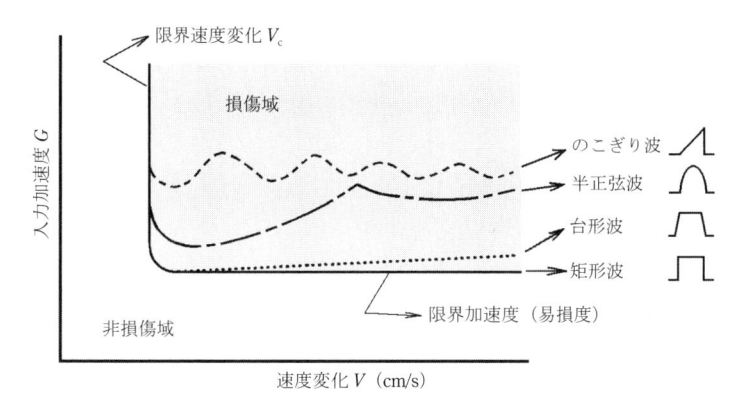

5.2 製品の耐衝撃強さ

[図 5.2: 各種波形に対する破損限界を示すグラフ。縦軸は入力加速度 G、横軸は速度変化 V (cm/s)。損傷域と非損傷域、限界速度変化 V_c、限界加速度（易損度）を示し、のこぎり波、半正弦波、台形波、矩形波の4種類の波形を比較]

図 5.2 各種波形に対する破損限界

（易損度）よりも大きな値を示す．

5.2.2 製品の耐衝撃強さの測定方法

衝撃に対する製品の強さは，図 5.3 に示すような衝撃試験装置を使用して求める．衝撃試験装置とは製品を衝撃テーブル上に固定し，衝撃テーブルに任意波形，任意レベルの衝撃パルスを加えることができる装置である．

衝撃に対する製品の強さは，図 5.2 に示したとおり限界速度変化と限界加速度で表されるが，この試験は製品異常が発生して初めて数値が確定する試験であるため，各々のデータは別々のサンプルを用いて測定する必要がある．試験は，まず限界速度変化を求め，次に限界加速度を求めるという手順で実施する．

製品の限界速度変化を計測するには，製品に短いパルス幅（3ms 以下）の正弦波の衝撃パルスを，徐々に落下高さを上げながら（速度変化を大きくしながら）加えていき，製品に異常が生じるまで続ける．製品に異常が生じない最大速度変化が限界速度変化である．

製品の限界加速度は，製品に矩形波の衝撃パルスを，徐々に加速度を大きくしながら加えていき，製品に異常が生じるまで続ける．このとき衝撃テーブルに加える衝撃波形の速度変化は，限界速度変化の 1.57 倍以上になるように調整しておく必要がある．製品に異常が生じない最大加速度を限界加速

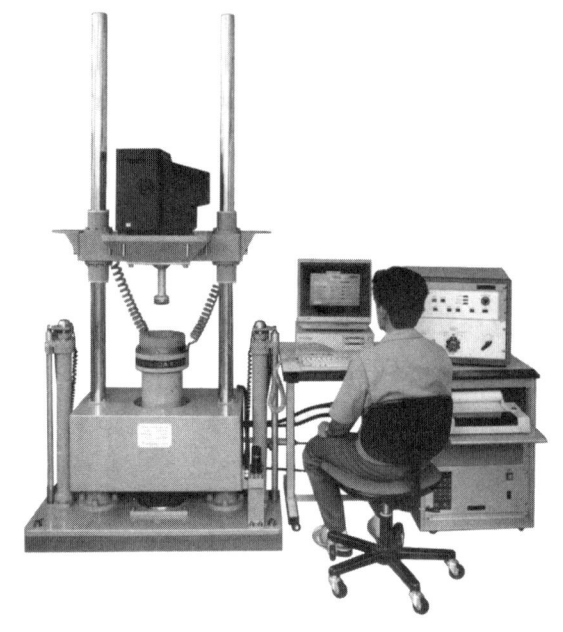

図 5.3　衝撃試験装置
(神栄テクノロジー㈱カタログ)

度(易損度)として求めることが出来る.

　なお前記のとおり,包装設計で使われる最大許容加速度は,衝撃テーブルに正弦波パルスを加えたとき,製品に異常が生じない最大加速度のことで,易損度とは異なることに注意が必要である.

　この試験方法は最近かなり普及してきたが,装置が高価であるため,まだ誰でもが自由に利用できる環境にはない.そこで,普及率が高く制御機能が高度化した振動試験装置を用いて,限界強さを求める方法が実用化されている.振動試験装置の振動テーブル上に製品を固定し,衝撃パルスを発生させることにより,衝撃試験装置を用いた場合と同じように易損度を計測することが出来る.ただし,この方法で易損度の計測ができるのは,比較的小形の製品に限定される.

　上記の方法で求めた易損度は,既に述べたとおり製品の限界強さであり,包装設計の場合の許容加速度としては,安全余裕を見込んで適当な数値を設

定することが多い．正弦波に対する製品の限界強さは，易損度の10％以上になることが理論的に導かれるので，易損性試験の結果を緩衝設計の基準として利用する際には，この値を利用することが多い．

なお詳細は8章で説明するが，この試験装置は包装試験にも利用されており，JIS Z 0200およびJIS Z 0202の1999年以降の版には，衝撃試験装置による包装貨物の落下試験が導入されている．

5.2.3 耐衝撃強さ測定時の注意事項

実際の製品を用いて耐衝撃強さを計測する場合，事前に検討すべきいくつかの項目が存在する．以下にその項目について説明しておこう．

(1) 試験品の載置方法

第1点目は，衝撃テーブル上に製品を載置する際の置き方に関するものである．工業製品には脚部を設けているものが多いが，緩衝材はこの脚部をさけて，本体両サイドの下部を支持する構造とすることが多い．製品に衝撃波形が加わる場合，衝撃を受けるポイントが異なると，衝撃の伝達経路が変わるため，製品の易損部分に生じる波形も変化し，破損が生じる加速度レベルも異なったものとなる可能性が大きい．そのため試験を行う際には，実際の包装品が輸送中に受ける衝撃と同じポイントに衝撃が加わるような方法で製品を支持することが必要である．

具体的には，下向きの耐衝撃特性を測定する場合は，製品の下部緩衝材の形状を想定し，その緩衝材の形状に合わせた受け台を作製し，落下テーブルと製品の間にその受け台を挿入して，実際の包装品の場合と同じ衝撃が製品に加わるような条件を整えてから試験を行うことが必要である．

例えば，AV機器（特にオーディオ機器）は振動の影響を避けるためインシュレータ（振動減衰器）を備えているものが多いが，包装設計者はこのインシュレータに衝撃が加わってインシュレータの異常が起きることがないように，インシュレータを浮かせた状態になるように緩衝材の形状を設定するのが普通である．製品の易損性試験の際，インシュレータを備えた機器を直接衝撃テーブル上に設置して易損性試験を実施すると，実際の包装状態とは衝撃伝達経路が変化するので，製品の正しい耐衝撃特性を把握することはで

きない．

また，インシュレータは衝撃に対しても外力を減衰させる働きをするため，上記した試験方法では，製品に伝わる衝撃の大きさが小さくなるという問題もあり，耐衝撃特性は大きく異なったものになってしまう．

図5.4の左の図は，オーディオアンプを側面から見た図であるが，底面にインシュレータを備えている．この製品の緩衝材は，図5.4の右の図に示すとおり，インシュレータを避けるように設計されている．従って，易損性試験を行う際には，緩衝材と同形状の受け台を使用して，試験を行わねばならないのである．

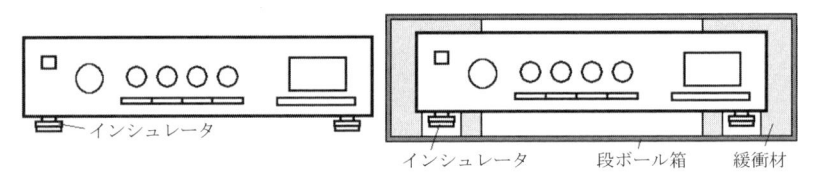

図5.4 オーディオアンプ側面図と緩衝材形状

(2) 試験品の固定方法

第2点目は，試験品の固定方法である．衝撃テーブル上に載置した試験品は，衝撃テーブルがプログラマーに衝突した瞬間上向きの力が働いて，衝撃テーブルから飛び上がろうとするので，それを防止するために試験品を衝撃テーブルに固定する必要がある．試験品の固定方法が適切で無い場合，固定箇所に局部的な力が働き，試験品を変形させたり破損を生じさせたりすることになるので，試験品上部のなるべく広い範囲を確実に押さえることが望ましい．上部形状が平面である試験品では剛性のある板などを当て，その上から押さえ棒で固定するなどの方法で応力集中を避けることができるが，形状が平面ではない試験品の場合，試験品上部の形状に合わせて作製した押さえ治具を介して固定するなどの配慮が必要である．

(3) 加速度センサ

第3点目は計測センサの取り付け位置，センサ質量の影響，センサの取り付け方法，およびセンサケーブルの引き出し箇所に関するものである．加速度センサは，衝撃テーブルと，試験品内部で大きな質量を持ち試験品全体

5.2 製品の耐衝撃強さ

を代表する部分（ベース部分），および，試験品の脆弱箇所と重要部品に取り付ける．衝撃テーブルに加速度センサが組み込まれており波形出力が取り出せる場合は，この部分の加速度センサは，別の箇所の計測に利用される．

ベース部分の衝撃は，衝撃テーブルに加えた衝撃が製品にどのように伝わっているかを確認するために重要であるだけでなく，包装設計完了後に包装貨物試験を行う時に，データ比較の基本となるものなので，きちんと計測を行っておかなければならない．また，脆弱箇所および重要部品の衝撃は，許容加速度の検討のために重要である．例えば，電子レンジなどではマグネトロンの加速度計測を行うが，マグネトロンは許容加速度が指定されており，マグネトロンに加わる加速度がこの値を超えないことを要求されているので，計測は必須項目である．

これらの計測に使用する加速度センサは，加速度センサの等価質量（信号ケーブルのセンサと一体で動く部分を含む質量）が，対象となる部品質量の1/10以下であることが要求される．センサは対象部品と一緒に運動を行うのだから，センサの等価質量は対象部品の質量が増加したのと同じ効果を与えることになり，衝撃に対する応答が変わってしまうためである．

現在市販されている加速度センサの質量を見ると，一般に使用されているものは5〜30g程度であり，通常の製品の衝撃計測には十分使用できるが，AV機器の部品ように部品自体の軽量化が進んだパーツについては，正確な計測は困難である．市販の最軽量の加速度センサは，センサ部分の質量が0.2g，センサと一体化して動くケーブル質量を加えると，全質量は0.3g程度となり，2g程度の部品の衝撃を正確に計測することはできないのが実際のところである．

センサの取り付けには，両面粘着テープを利用する方法と，接着剤を使う方法がある．固化した接着剤層はほとんど振動吸収をしないので（DC〜1kHzの範囲ではほぼフラット），データに対する影響を考慮する必要はないが，両面粘着テープを使用してセンサを取り付ける場合は，粘着テープの基材と接着層による振動吸収に配慮する必要がある．一般的な両面粘着テープを使用してセンサの振動応答特性を調べてみると，DC〜500Hz程度までは±3dbの範囲に収まっており，ほぼフラットの特性を確保できるが，カーペット

テープなどの厚手の両面粘着テープを使用すると，±3db の範囲は DC〜250Hz 程度と狭くなってしまう．包装品の衝撃による影響を確認する場合は，250Hz までの範囲の計測ができれば問題ない場合が多いが，製品特性のチェックを行う場合は，フィルターを掛けずにスルー状態で記録し，解析時にフィルターの特性を変えながら解析することが多いので，もう少し広い(DC〜1kHz 程度の）範囲でフラットであることが望ましい．従ってセンサの取り付けには，可能であれば接着剤を使用し，両面粘着テープを使用する場合にも，厚手のテープの使用は避ける方がよい．

もう1つの問題が，センサケーブルの引き回しと，取り出し口である．ひずみゲージ型加速度センサではほとんど発生しない内容であるが，圧電型加速度センサでは，センサケーブルの取り回しによっては，データの安定性が悪く，正しい計測ができない場合がある．

圧電型センサは衝撃が加わった時に発生する電荷を計測しているのだが，センサケーブルの特性が劣ったものを使用した場合，ケーブル内部で静電気が発生し（トリボ効果）ノイズが乗った波形となる場合がある．ローノイズタイプのケーブルを使用することによりこの影響は無視することができる．また，センサケーブルは可能な限り，動く部分がないように固定することが必要である．勝手に動く部分があると，その部分が動いたことによりノイズが発生する場合がある．（実はこのようなノイズ発生は，圧電型センサのみではなく，ひずみゲージ型センサでも，特定のセンサケーブルを使用した際に発生した例があるが，現在ではこのタイプのケーブルは市販されていない．）

さらに配慮が必要な項目として，製品内部に取り付けたセンサのケーブルを，計測器まで引っ張る際の引き出し口をどう確保するかという問題がある．工業製品ではいくつかのパーツを組み合わせて外形を構成している場合がよくあり，このような製品では一部の部品を取り外すと，構造体としての強度が大幅に低下する場合がある．また，嵌合（かんごう）によって製品を固定している製品では，嵌合用の爪などの一部を切り欠くと，固定部分の強度が低下する．一体化された外観を持つ製品では，角部や曲面部分を切り欠くことによって，強度低下を来す製品も多い．製品内部に取り付けた加速度センサケーブルの引き出し口を設ける場合には，上記した点に注意して，製品の強度変化が生

じないような方法でケーブルを引き出すことが重要である．なお，センサの引き出し口として，キャビネットなどに穴を設けた場合，穴の周囲でケーブルがこすれて切断するおそれがあるため，穴の周囲の仕上げにも注意する必要がある．

(4) 試験回数

最後に試験回数の問題である．製品の耐衝撃強さを確認するためには，製品が破損するまで試験を行うことになるが，この回数が多すぎると製品の脆弱部に繰り返して過大な力が加わることになり，衝撃破壊ではなく疲労破壊の特性を測定することになりかねない．一般に同一試験品に与えて良い衝撃の回数は5～6回といわれており，この回数で最終的な破損が生じるように，試験条件を調整して試験を行う必要がある．また，試験回数調整のために，加える衝撃加速度の間隔が大きすぎると適切なデータが得られないので，試験を開始する加速度レベル，2回目以降の加速度レベルのアップ分などについては十分に検討した上で，適切な値を設定する必要がある．

(5) 製品異常の判定

製品異常が生じたか否かは，可能な限り専門家に判断してもらうことが望ましい．ここでいう専門家とは，メーカーの品質管理の担当者や，設計者のことである．というのも，製品によって事情は異なるが，AV機器などの性能は外観では判断できない項目が存在する場合が多いためである．例えば，DVDレコーダの場合は，DVDヘッドの位置ずれが数十μm生じると性能が劣化し記録再生に支障を来すため，各メーカーは自社製品に対してヘッド位置ずれの限界値を定めているが，どの程度のヘッドの位置ずれを生じているかは専用のハードとソフトがないとチェックすることができない．包装関係者がチェックできるのは，機械的な異常判定だけなので，異常発生の有無についての正しい判定は不可能である．このような事柄を考慮すると，製品によっては専門家の判断が不可欠なのである．

(6) 温度の影響

外形や内部部品がすべて金属で構成されている製品については，温度の違いによって強度が変化することはないので，温度の影響を考慮する必要はない．ところが筐体などがプラスチックで構成されている製品については，

低温環境下で脆性が低下し，衝撃的外力を受けると脆性破壊を起こしやすくなる．寒冷地向けなどの商品でプラスチック部品を使った製品では，低温下での衝撃特性についても十分な確認が必要である．

5.2.4 試験方法

限界加速度計測，限界速度変化計測のどちらの場合も，製品に衝撃パルスを加えるごとに，製品外観に異常が生じていないかどうか，製品内部の部品に異常が生じていないかどうかのチェックを行う．このとき，計測した衝撃波形の記録を補正して整形衝撃波形を求め，ピーク値を読み取って記録用紙に数値データを記録すると共に，横軸を衝撃テーブルの発生加速度，縦軸を各測定点の発生加速度としたグラフ上に，データをプロットしておく．製品異常が生じていない時は，グラフのデータはほぼ直線上に乗るのだが，製品異常が生じた場合は，異常が生じた箇所のデータは直線から外れることが多いので，異常発生の検出が容易になるためである．

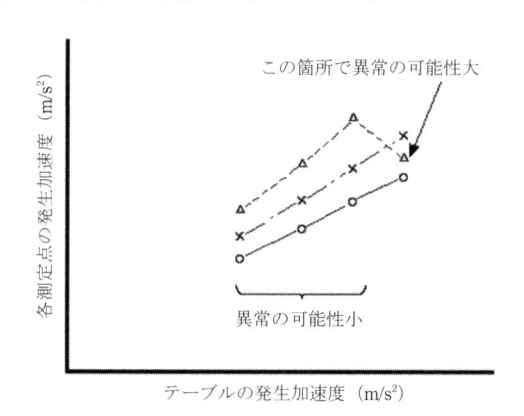

図 5.5 試験時の加速度データ

異常がなければ更に試験を継続し，製品異常が生じるまで繰り返して衝撃を加える．製品に異常が生じた時点で試験は終了となる．ただし発生した異常が軽微な異常である場合や，異常を生じた部品がいくつかの候補の1つで，より強度の大きな部品を用いた場合の特性をチェックする場合などは，さらに試験を継続することもある．

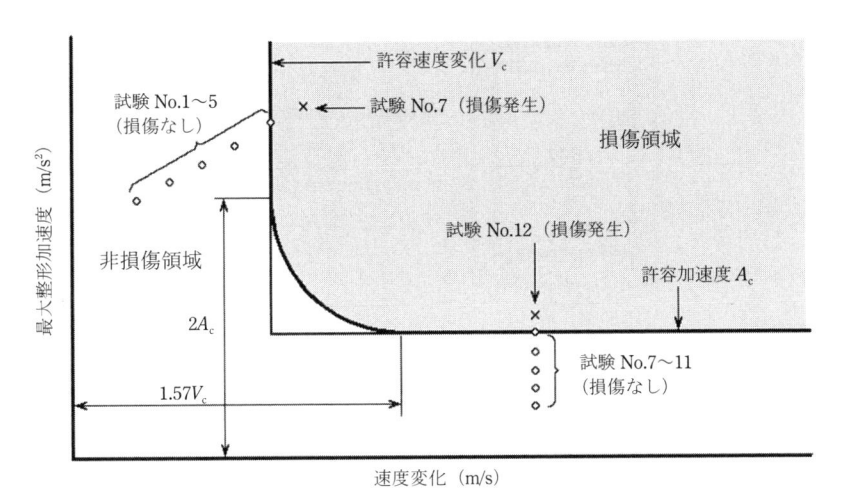

図5.6 ダメージバウンダリーカーブ（JIS Z 0119）

　製品異常が生じたら試験は終了である．図5.6に示すように，各試験ごとに落下テーブルに発生した衝撃加速度と速度変化のデータをグラフ上にプロットし，製品異常が生じた衝撃の1つ前の点を通って，それぞれの軸と平行な直線を引いて得られたものが，ダメージバウンダリーカーブ（DBC）で，DBCの右上の領域が，損傷領域である．

5.3　製品の振動特性

5.3.1　計測すべき振動データ

　製品の振動特性は，輸送中に加わる振動の影響で製品破損が生じることがないよう，緩衝材と製品で構成される系の振動特性が備えるべき条件を確認するための試験項目である．製品の構造を振動の立場からモデル化すると，図5.7のように表すことができるが，製品中の最も振動の影響で破損しやすい部分（脆弱部分）は，複雑なバネ系の中に置かれているのが普通である．
　従ってこの影響は，実際に振動試験を行ってみないと，把握できないのが普通である．なお，輸送中の振動は基本的に包装品の上下方向に加わるので，包装時に上下方向になる向きの特性のみを把握すれば十分である．

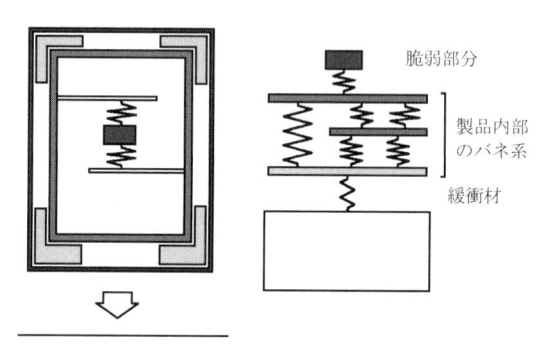

図5.7 製品の構造モデル

製品の耐圧縮強さの場合と同様に，製品の振動特性の測定方法に関してはJISが制定されていない．従って製品の製造業者は，独自の方法で製品の耐圧縮強さ測定を行っている．

製品の振動特性として把握する必要がある項目としては，製品の共振周波数，共振周波数での伝達率（応答倍率と呼ばれることもある．印加加速度と応答加速度の比率），伝達率が1を超える周波数範囲の3つが基本である（図5.8）．特に共振周波数は，包装設計で重視される項目であるため，確実に把握しておく必要がある．

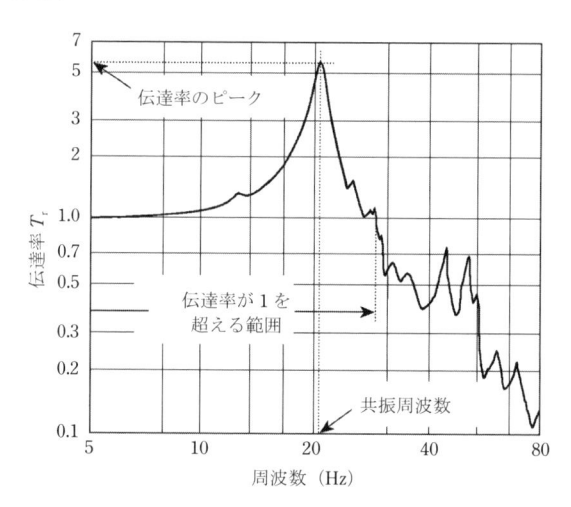

図5.8 把握すべき振動特性データ

5.3.2 製品の振動特性の測定方法

製品の振動特性は，振動試験装置を使用して測定を行う．上記したとおり，製品の振動特性計測は上下方向のみについて実施すれば十分である．試験品を加振テーブル上に固定し，振動を加えて応答を記録する．

加振方法は2通りの方法が存在する．第1の方法は，加速度一定のスイープ振動（周波数が徐々に変化する振動）を加えて，製品の応答を記録する方法である．計測すべき周波数範囲は，5～200Hz（製品によっては5～500Hzの場合もある），加速度のレベルは通常0.5G程度の値が選択される．スイープ速度は，1min/oct.が基本である．

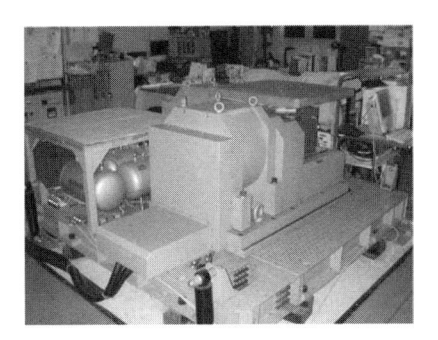

図 5.9 振動試験装置の例 (㈱振研HP)

第2の方法は，特性を計測したい周波数範囲全体にわたってレベル一定のランダム振動を加え，製品の応答をPSD解析して求める方法である．最近はこの方法で振動特性を求めることが多くなっている．

計測には図5.10に示すような計測システムを使用する．最近ではフィルタを掛けない生データを，デジタルデータのままで記録しておき，解析時に

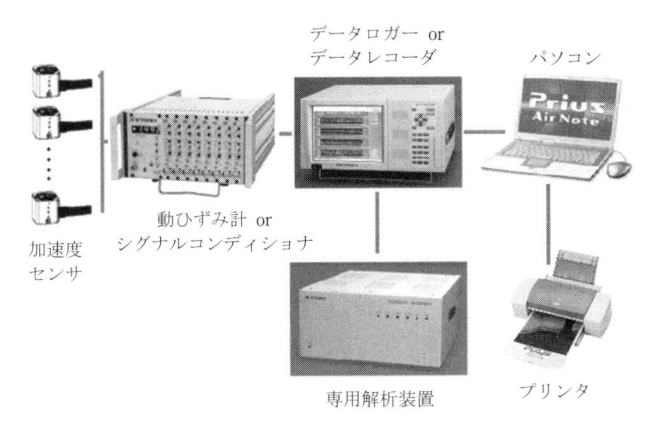

図 5.10 振動データ計測システム (㈱共和電業カタログ)

デジタルフィルタを掛けてデータ解析を行うことも多く，デジタルデータレコーダやデータロガーが利用されることが多くなっている．また，これらの機器の制御用，および，データ解析のために，パソコンが使われることも多い．

上記した試験のどちらか一方の方法で試験を行うことにより，図5.8に示すような製品の振動応答特性を求めることができる．なお，この2つの方法で求めた結果は，微妙に異なったものとなるが，その差は問題となるレベルではないので，どちらの方法を採用しても良い．

振動試験で得られたデータから，共振周波数とそのときの伝達率を読み取る．製品の共振周波数は1つではなく，いくつかの周波数で顕著な共振が見られることがあるが，製品の振動特性としては最大ピークの共振周波数と伝達率のピーク値が重要である．（包装貨物の振動特性の測定に関しては，例えばISTAなどでは，伝達率のレベルが2番目以降の共振周波数での強制加振についても規定されている規格が存在するので，これらの値を確認しておく場合もあるが，製品では第1共振についてのみの情報で十分である．）

また，伝達率が1を超える周波数範囲では，輸送機関の荷台振動が増幅されることになるため，1を超える周波数範囲と，各周波数での伝達率についても，きちんと把握しておく必要がある．

5.4 製品の耐圧縮強さ

5.4.1 製品耐圧縮強さの基礎

製品の耐圧縮強さの測定が要求されるのは，製品自身と包装容器に積圧荷重を，適宜分担支持させる方式を採用した包装—いわゆる荷重分担包装—または，積圧荷重の総てを製品に負担させる包装のどちらかを，包装仕様として採用しようとする場合である．荷重分担包装を採用している包装の例としては，電子レンジやルームエアコンの室内ユニットがあり，積圧荷重の総てを製品に負担させている包装の例としては，冷蔵庫やルームエアコンの室外ユニットがある．

荷重分担包装や，積圧荷重の総てを製品に負担させる包装では，製品の耐

5.4 製品の耐圧縮強さ

圧縮強さが十分大きくなければ包装の保護性不足のため，倉庫保管中に包装貨物の破損や荷崩れが生じることになってしまう．製品異常が発生した場合は，回収や修理，新品の別納入など多大な経費を必要とするため，十分な検討が必要である．製品の耐圧縮強さ測定は，製品がこれらの要求に応えることのできる，耐荷重特性を持っているか否かの確認のため実施される．

製品の耐衝撃強さとは異なり，耐圧縮強さの測定方法はJISが制定されていない．従って製品の製造業者は，独自の方法で製品の耐圧縮強さ測定を行っている．

図5.11 箱圧縮試験装置の例
(㈱今田製作所HP)

製品の圧縮試験は，箱圧縮試験装置を使用して実施するが，箱圧縮試験装置は図5.12に示すように上圧縮盤の構造の違いによって，2種類の方式が存在する．

第1の方式は，上圧縮盤が下圧縮盤と常に平行を保ったままで移動する構造の装置であり，もう1つの方式は上圧縮盤が中心点で回転自由に支持され

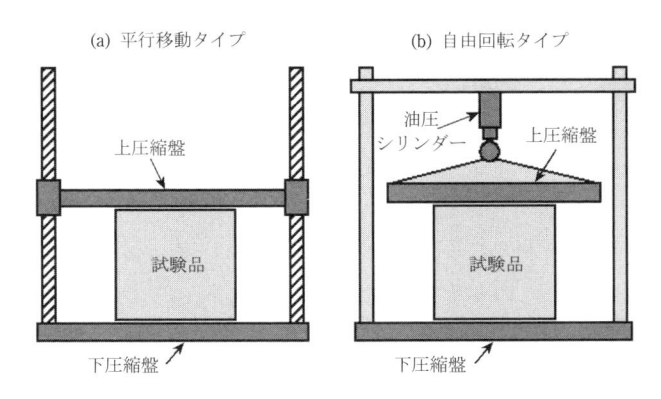

図5.12 圧縮盤の構造

ている構造の装置である．

製品の圧縮試験は製品変形が生じた時点で終了となるため，極端に大きな荷重を加えることはなく，試験装置の構造の違いでデータが変化することはほとんどないので，どちらの方式の箱圧縮試験装置を使用しても問題はない．

製品の耐圧縮特性の確認のための試験方法も，2種類の方法が存在する．第1の方法は製品に加える荷重の大きさを徐々に大きくしていき，製品に異常が発生した時の荷重を限界荷重とする方法である（製品の耐圧縮強さ試験）．もう1つの方法は，製品に倉庫で加わる荷重と同レベルまたは適当な係数を乗じた荷重を加え，40～50℃の高温下，または，あらかじめ定めた温湿度サイクルの条件下で長時間放置し，製品外観などにクリープ変形などが生じないことを確認する方法である（製品のクリープ試験）．製品筐体が金属で構成された製品の場合，製品の耐圧縮強さ試験のみが行われるのが一般的であるが，筐体がプラスチック製であるような製品では，両方の試験を行って製品の強度特性を把握することが多い．

以下に，強度特性の確認試験の方法について説明する．下記の内容は，著者が実際に行っている方法である．

5.4.2 製品の耐圧縮強さ試験

製品の耐圧縮強さ測定を行うには，包装貨物が保管時に加えられるのと同

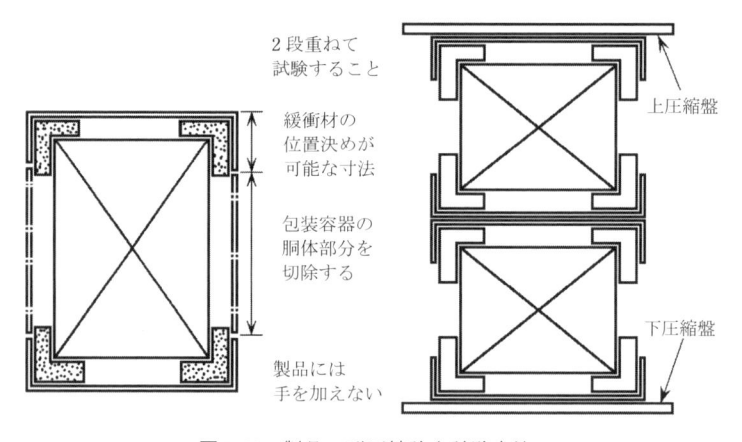

図5.13 製品の耐圧縮強さ試験方法

じ状況で製品に荷重を加えて，荷重による挙動を確認する必要がある．そのため，次のような方法で試験を行うのが適切である．

① 製品の上下面には，実際に使用する（または使用する予定の）緩衝材を当て，その外側の容器も，荷重は負担せず緩衝材の固定を確実に行えるようにカットしたものを被せて，試験を実施する．（図5.13）

② 試験品は1段のみでなく，上部にもう1段重ねて試験を行う．これは緩衝材の受圧部の形状の影響で，特性が変化するのを避けるためである．（図5.13）

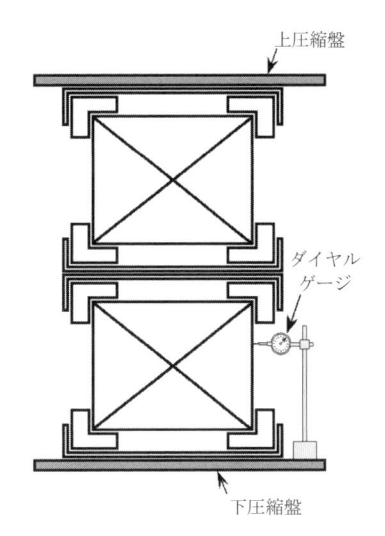

図5.14 製品の変形計測

③ 試験時の圧縮スピードは，包装貨物の圧縮試験の場合よりもずっと遅いスピード（1mm/min 以下）で行うこと．可能であれば，変形が生じる可能性が大きい箇所（製品側面など）について，図5.14 に示すようにダイヤルゲージによる変位計測やひずみゲージを使用したひずみ計測を行い，製品の変形を連続して計測し，荷重と変形の関係を把握しておくことが望ましい．

耐圧縮強さの値は，製品に許容出来ない異常が生じる直前の，限界の圧縮荷重として求められる．変形の連続計測を行っておくと，限界把握が容易である．

なお，上下面の強度が大きいことがあらかじめ分かっている製品（例えば冷蔵庫）では，緩衝材を当てずに試験を行っても必要なデータを得ることが可能である．

5.4.3 製品のクリープ試験

製品のクリープ試験の場合も，包装貨物が保管時に加えられるのと同じ状況で製品に荷重を加えて，荷重による挙動を確認する必要がある．そのため，次のような方法で試験を行うのが適切である．

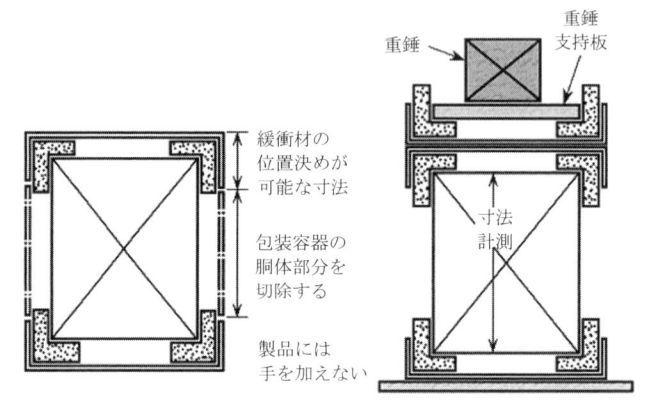

図5.15 製品のクリープ試験の方法

① 製品の上下面には，実際に使用する（または使用する予定の）緩衝材を当て，その外側の容器も荷重を負担しないような形状にカットした物を被せて，試験を実施する．（図5.15）

② 試験品は1段のみでなく，上部に上段の包装容器の底部と緩衝材を載せ，緩衝材の上に重錘支持板を置き，さらにその上に不足分の重錘を載せて試験を行う．これは緩衝材の受圧部の形状の影響で，特性が変化するのを避けるためである．（図5.15）

③ 可能であれば，変形が生じる可能性が大きい箇所（製品側面など）について，ダイヤルゲージによる変位計測やひずみゲージを使用したひずみ計測を行い，製品の変形を連続して計測し，荷重と変形の関係を把握しておくことが望ましい．（図5.14）

④ 以上の準備が整ったら，あらかじめ定めた温度サイクルに従って，環境温度を変化させる．試験はあらかじめ定めた期間実施する．

⑤ この試験は，倉庫保管中に製品に加わる荷重により製品異常が生じないことを確認することが目的であるため，あらかじめ定めた期間中に製品に異常が発生しないことと，期間終了後に製品の状態を確認して，製品に異常が生じていなければ試験は終了となる．試験途中に製品異常が生じた場合，または試験終了後に製品異常が確認された場合は，荷重分担包装や荷重の全負担はできないので，包装の方式を変更する必要がある．

⑥　なお，上下面の強度が大きいことがあらかじめ分かっている製品（例えば冷蔵庫）では，緩衝材を当てずに試験を行うことにより，必要なデータを得ることが可能である．

参 考 文 献

1) 長谷川淳英：製品特性の測定，日本包装学会誌，Vol.15, No.6(2006)
2) R.E. Newton: Fragility Assessment—Theory and Test Procedure—，MTS Sys. Co. Report(1968)
3) JIS Z 0019「包装設計のための製品衝撃強さ試験方法」(2002)
4) 長谷川淳英：緩衝包装設計と包装貨物試験，日刊工業新聞社(2007)
5) 長谷川淳英：加速度計測と加速度センサに関する現状，日本包装学会誌，Vol.12, No.6(2003)
6) ISTA: Package Testing ISTA Test Procedure 1A(2001)

6章　輸送環境解析

6.1　輸送環境の計測

　物流過程で包装品が受ける各種のストレスのうち，包装品に特に大きな影響を及ぼすのが，振動，衝撃，荷重という3種類のストレスである．JISでも包装貨物の試験が規格化されているが，各社が実際に行っている包装貨物試験の項目を調べてみると，包装貨物の落下試験が最も多く実施されており，次が圧縮試験，3番目が振動試験である．落下試験に比べて圧縮試験や振動試験が行われることが少ない理由は，落下時の衝撃による製品へのダメージは他のストレスに比べて格段に影響が大きいことと，圧縮や振動試験の装置が高価であることに起因している．

　これらの包装貨物試験の試験条件は，物流環境に対応していることが必要である．保管中の圧縮荷重については，包装品の総質量と積み段数から包装品が受ける荷重の大きさを容易に計算できるため現地調査を行う必要はないが，荷扱い中の衝撃と輸送機関の荷台振動に関しては，数年に1回程度の間隔で，実際に輸送環境調査を行って包装試験条件の見直しを行う必要がある．しかし，落下衝撃と荷振動に関しては，輸送環境調査を実施した後データ解析を行う必要があり，データから試験規格を誘導するためにはいろいろな知識とノウハウが必要であり，これらの内容を整理した資料がほとんど無いため，未経験者が新しく取り組むには，かなり高いハードルが存在している．また，経験者の中にも，新しい計測解析機器の特性を十分理解せず，誤った方法で使用している例や，データの正しい解析方法を知らずに，自己流の規格化を行ったため，せっかく実施した輸送試験データから誤った規格を誘導してしまった例などが数多く見られる．

　本章では，輸送環境調査実施と，データ解析・規格化の方法の概略を整理して，実務者が輸送環境調査を行って，得られたデータを解析し，規格化す

るときの参考となるよう，実務ベースでとりまとめた．

6.2 輸送環境調査の考え方

輸送環境調査を実施する場合には，調査の目的を明確化し，事前に実施内容を詳細に整理して取り組むことが重要である．この事前準備をいい加減に行うと，結果として役に立たないデータや，使い物にならない試験規格ができてしまうので，注意する必要がある．

輸送環境調査を行う際に，最初に考える必要があるのは試験の目的である．輸送環境調査や輸送中の加速度計測を行う目的としては，以下に示すような幾つかの項目が考えられる．

(1) 包装貨物試験規格の制定（見直し）
(2) 新包装の性能確認
(3) 室内試験の代行として実施
(4) 輸送中に生じた製品異常の再現
(5) 公的規制や納入先との契約で，輸送中のデータ計測が義務付けられている場合
(6) 輸送保険のデータを得るため

上記した目的によって，計測方法，試験の手順，データ整理の方法などが大きく異なっているが，本章では (1) 包装貨物試験規格の制定（見直し）を目的とした輸送環境調査に限定して，以下の議論を進める．

第2のポイントは，作成（見直し）したい試験規格が振動試験である場合と落下試験である場合では，試験の実施方法，使用する計測器，データ整理の方法などが全く異なるということである．このことを十分理解していないため，物流実態と全く適合していない包装貨物試験規格を作成する例が多いので，特に注意が必要である．次節以下，荷扱い中の落下衝撃と輸送機関の荷台振動に分けて議論を進める．

6.2.1 荷扱い中の衝撃

(1) 試験品の選定

荷扱い中の落下高さや落下状況は，包装品の質量・寸法に左右される傾向がある．この傾向を把握するため，試験に使用する試験品は，自社の包装品を代表できる質量，寸法を網羅することが望ましい．このためには自社製品の包装質量と寸法（または容積）をグラフ化し，製品をいくつかのブロックに分け，各ブロックの代表製品を試験品として選定するという方法が適切である．

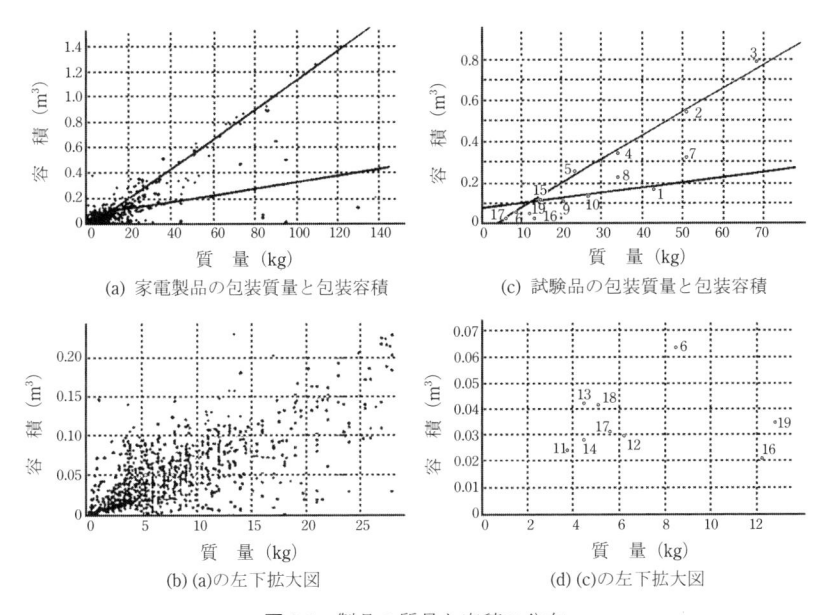

図6.1 製品の質量と容積の分布

図 6.1 は，著者が実際に行った輸送環境調査の際の，ダミーの条件決定のために使用したグラフである．同図の (a) は，某社で販売している家電品すべて（約 4,300 機種）の包装質量と包装容積をグラフ化したもので，(b) は同グラフの左下部を拡大したものである．このグラフ上のプロットを質量と容積でグループ分けし，それぞれのグループを代表する商品を選定し，図の (c), (d) に示す 19 機種の製品を試験品の仕様とすることに決定した．

(2) 計測機器

輸送途上での衝撃の計測は室内での落下試験とは異なり，耐衝撃特性に優れた，輸送衝撃計測専用の衝撃記録装置を使用して計測を行う．計測装置には機械式と，電子式のものがある．機械式の記録装置は衝撃を針の振れに置き換え，表面にワックスを塗布した記録紙（スクラッチペーパー）を針先で引っ掻くことにより衝撃を記録する構造を採っている．

記録紙の送り方式は，時計送りと衝撃送りがある．時計送りでは衝撃発生の時刻が把握できるという長所があるが，1回の衝撃は1本の線として記録されることになり，最大加速度値以外の情報は入手できない．衝撃送り方式の場合は，衝撃の状況は把握できるが，発生時刻は分からない．

なお，機械式の小型衝撃記録計は，次に説明する電子式衝撃記録計に置き換えられてきており，上市されている製品は2機種のみになってしまっている．そのため，これまでに該当機器を保有している機関以外で使用されることはほとんどなくなっているのが実情である．

最近環境計測の主流となった電子式衝撃記録計は，衝撃波形が記録可能であると共に，衝撃発生時刻を秒の単位まで特定でき，しかも落下高さの換算出力機能や落下方向推定機能も備えており，データ解析に都合が良い．また専用ソフトを利用することにより，PSD解析（6.4節参照）など各種のデータ処理を行うことが可能であることや，データを記録するメモリ量の増大により，振動データの計測への利用も可能であることなど，用途がどんどん拡大しており，今後はこの種の機器による輸送環境計測が基本となることは明らかである．図6.2に，現在国内で入手できる衝撃記録計の外観を，表6.1にそれらの機器の概略仕様を示しておく．

神栄テクノロジー　　　IMV　　　IST　　　Lansmont

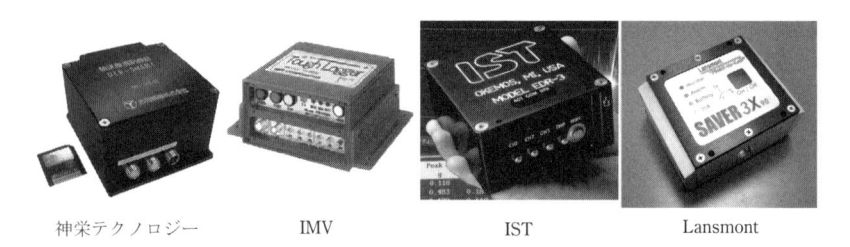

図 6.2　電子式衝撃記録計（各社HP）

6.2 輸送環境調査の考え方

表 6.1 デジタル衝撃記録計の仕様比較（各社HP）

メーカー	神栄テクノロジー（吉田精機）	IMV	IST（エアブラウン）	Lansmont（エアブラウン）
型　式	DER-SMART	TR-0220	EDR-4	SAVER3X90
計測範囲	10, 50, 200G	10, 20, 50, 200G	10, 50, 100, 200G	10〜200G
センサ数	内蔵 or 外部3	内蔵3, 外部3	内蔵3, 外部6	内蔵3 or 外部1
A–D	12bit	記載なし	12bit	16bit
フレーム長	512〜5,120	1,280〜5,120	任意設定可能	10〜16,384
サンプリング	0.25〜10ms	0.2〜4ms	0.07〜62.5ms	0.2〜20ms
メモリ	8〜64MB	35分間相当	最大108MB	128MB
記録データ数	20,000	35分	32,000	35,951
プリトリガ	20〜60%	記載なし	可能	0〜100%
連続計測日数	30日	20日	16〜60日	90日
寸　法（mm）	123×112×70	150×150×80	145×140×74	95×74×43
質　量（g）	800	2,000	2,200	473

　衝撃記録計の落下方向推定と落下高さの換算機能については，試験品の特性によっては正しく動作しない場合があるので，実験室内で落下高さと落下方向を変えて落下試験を行い（等価落下試験と呼ばれる），換算データの妥当性を十分判断する必要があることなど，輸送データの計測に関しては，独自のノウハウが存在するので，実際の試験に際しては経験のレベルによってデータの有効性が変化することなどは，他の計測機器と同様である．

(3) 試験用ダミー

　試験に用いるダミーは，外見や重さ，重心などが実際の製品と同じになるように作製することが重要である．実製品の包装が段ボール包装の場合は，量産品に使用している段ボール箱と同じものを外装に使用しなければならない．

　包装内部に収納する製品のダミーとして，実製品は適していない．実製品は共振部分が多く，多数の共振点を持っているので，衝撃パルスの周波数によって応答特性が異なるためである．共振の影響を避けるため，多くの場合，製品の代わりに木製ダミーを作製して使用する．木材は安価で入手しやすく，加工が容易であることの他に，適度な内部減衰特性を備えているため，衝撃

波形に含まれる不要なノイズ成分が吸収されるという効果（つまりローパスフィルターの機能）がある．

ただし大形の製品や，試験実施までに時間余裕がない場合など，ダミーを作製するのが困難な場合は，製品の内部で剛性の高い部分に補強板を取り付け，そこに衝撃記録計を取り付けるなどの方法をとらざるを得ない場合もある．

製品ダミーは十分な剛性を備えていることが必要である．集成材等の木材を使うときは，厚さ20mm以上の材料を使用することが望ましい．大きな製品ダミーは仕切りや補強，隅木等を取り付けて剛性確保と，共振の発生防止を行う．厚さ20mm程度の板材で製品ダミーを作製した場合，電子レンジ程度の寸法であれば，補強なしでも剛性は確保できる．

製品ダミーには衝撃記録計を取り付けるが，操作性を考えて取り付け位置を決めること．可能であれば，重心位置付近に設置すると良い．製品ダミーの質量は追加ウエイトで調節する．標準ウエイトを作製しておくと都合がよい．製品ダミーは緩衝材が当たる面を確保することが必要である．箱形の形状にすると，作製も容易である．木材同士の接合は，接着剤と木ネジを使って固定するのが好ましい．この方法だと，ビビリやきしみが生じにくい．隅木で補強するのも1つの方法である．図6.3にダミー貨物の例を示しておく．

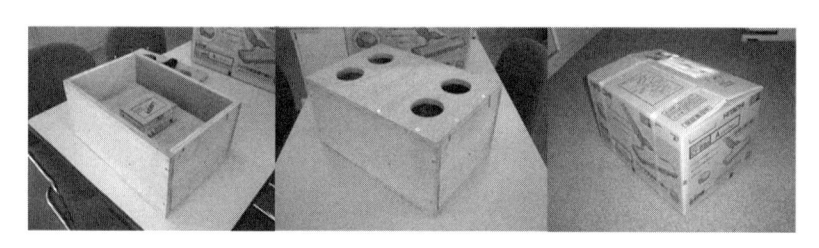

測定器取り付け状況　　　　製品ダミー　　　　ダミー外観

図6.3　試験用ダミーの例（掃除機ダミー）

(4) 緩 衝 材

緩衝材の材質は繰り返し衝撃を受けても，特性変化が生じにくいものを選択する．発泡ポリエチレン（EPE）は繰り返し特性が安定しており適している．

一般の緩衝設計とは異なり，緩衝材は計測予定範囲の最大衝撃を受けた場合，衝撃記録計の最大値近くの衝撃が発生するように，受圧面積を設定する．一般には緩衝設計で求める最適受圧面積より面積を多めに設定した方がよい．受圧面積を最適値より多めに設定する理由は，多めに設定しておくことにより，繰り返し衝撃を受けても特性の変化が生じにくいからである．

荷扱い時に包装が大レベルの落下衝撃を受ける確率は，非常に小さい．

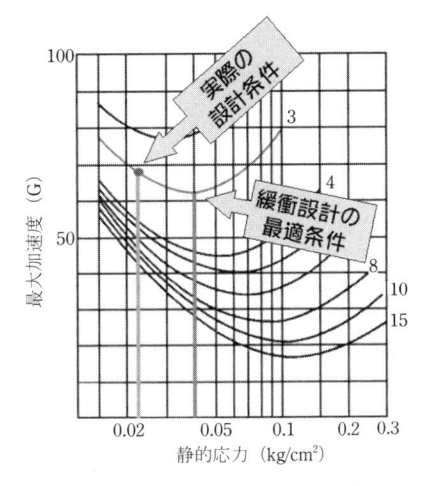

図6.4 ダミー用緩衝材の設計

そのため，試験は可能であれば数十回，少なくとも5回以上の試験を実施する必要がある．この試験に使用する包装材は，毎回新しいものを使用する必要がある．ダミーに使用する緩衝材は毎回同じ特性を備えたものが必要であるが，手作りのサンプルでは，同じ特性を備えた緩衝材を確保することは困難である．

このための対策として，型成形によって量産された緩衝材を利用する方法があり，実際の試験に使用した実績では，良好な結果を示すことが確認され

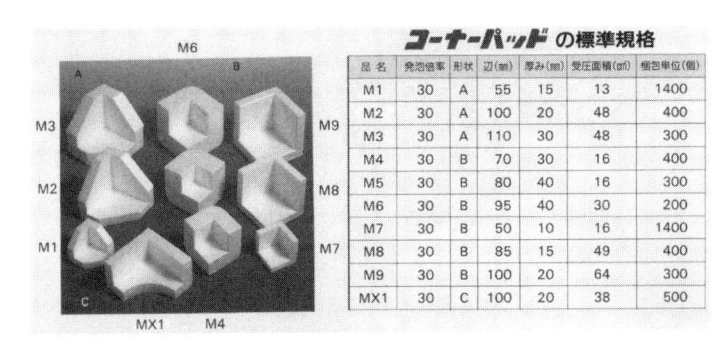

品名	発泡倍率	形状	辺(mm)	厚み(mm)	受圧面積(cm²)	梱包単位(個)
M1	30	A	55	15	13	1400
M2	30	A	100	20	48	400
M3	30	A	110	30	48	300
M4	30	B	70	30	16	400
M5	30	B	80	40	16	300
M6	30	B	95	40	30	200
M7	30	B	50	10	16	1400
M8	30	B	85	15	49	400
M9	30	B	100	20	64	300
MX1	30	C	100	20	38	500

図6.5 市販コーナークッションの仕様
(旭化成ケミカルズ㈱カタログ)

ている．成形緩衝材は，各種の寸法のものが揃っているので，ダミーの条件に合ったものを選択することができて都合がよい．

(5) 外　　装

前述のとおり，試験品の外装は実製品の外装と同じ外見にする必要がある．実製品との区別は，製品形式の後ろにマークをつけるなどの方法で行い，試験品であることが作業者には分からないような状態をキープすることに留意する．普段包装品を扱っている物流作業者は，包装品の重量や重心が従来品と異なっていたり，包装外観が見慣れないものであると，注意して荷扱いを行うなど普段と異なった荷扱いを行うことが多く，通常作業と同じ輸送環境データを採取することができないからである．

外箱の傷つきや印刷こすれ等のチェックをする都合があるので，必ず新しい箱を使用すること．封緘用テープ等も，実製品に使用されているものと同じものを手配して使用する必要がある．

(6) 衝撃記録計の設定

デジタル衝撃記録計を使用して荷扱いデータを測定する場合，試験前に機器の設定を行う必要がある．設定は衝撃記録計をパソコンに接続し，専用ソフトを使用して行うのが基本である．設定内容は，記録計の種類によって機能が異なっており，設定できる項目，設定可能範囲等にも差があるので一概にはいえないが，適切な設定を行うか否かで，良いデータが採れるか否かが決まる．

デジタル衝撃記録計を使用するには，デジタルサンプリングに関する基本的な用語の意味を理解しておく必要がある．特に重要な項目は，計測可能な最大加速度，サンプリングレート，トリガレベル，フレーム長，プリトリガ条件の5つの項目である．表6.2と図6.6に，基本的な用語の説明をしておいたので，参考にして頂きたい．

実際の試験を行う時の，計測可能な最大加速度，サンプリングレート，トリガレベル，フレーム長，プリトリガ条件の5つの項目の設定条件の例を，以下に示しておく．ここに記載した値はあくまでも一事例であって，すべての場合に適しているわけではないことに注意が必要である．

荷扱いによる衝撃計測の場合，計測可能な最大加速度の値は，100Gまた

6.2 輸送環境調査の考え方

表 6.2 デジタルデータレコーダに関する基本用語

用 語	用 語 の 意 味
加 速 度 計測範囲	機種によって，出荷時にこの値が固定されているものと，使用者が自由に設定できるものがある．設定可能な機種では，予想される最大加速度が，計測可能な最大加速度の70〜90%になるように設定する．
サンプリングレート	振動や衝撃波形をデジタル化する際に，A/D 変換する時間間隔のことで，秒単位で表した値の2倍の逆数が，解析可能な最大周波数となる．
トリガレベル	しきい値（スレッショルド）といわれる値で，この値を超えた加速度が発生した場合，そのデータセットが取り込まれる．ピーク値がこの値以下のデータセットは廃棄される．
フレーム長	1セットのデータを構成する時間スパンのことで，周波数分解能はこの値で決まる（周波数分解能＝1/フレーム長）．メーカーによっては記録するデータ数をフレーム長と呼ぶこともあるので，注意が必要である．
プリトリガ	振動や衝撃の計測では，トリガレベルを超えたデータについて，その時点より以前の波形も重要な意味を持っている．トリガレベルを超える加速度波形が入力された時，その時点から時間をさかのぼって記録するのだが，このことをプリトリガという．プリトリガの量は，フレーム長に対する比率で表すのが一般的である．

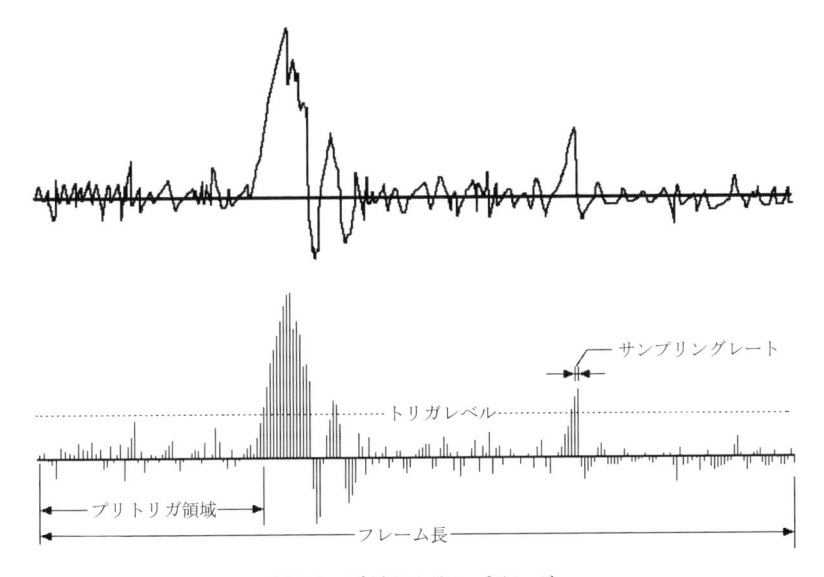

図 6.6 デジタルサンプリング

は200Gに設定することが多い．この値は，等価落下試験を行って，想定落下高さから落下させた時の発生加速度を確認してから決定する必要がある．

サンプリングレートは，1ms程度に設定することが多い．この値は小さいほど良いのだが，あまり小さくするとメモリの消費量が増えて記録できる点数が少なくなってしまうことや，一般の包装品では衝撃のパルス幅が10〜20ms程度であり，サンプリングレートを1msに設定しておけばピーク値の誤差はほとんど無視できるレベルとなるため，この程度の値に設定しているのである．

トリガレベルは，小さすぎると波形を片っ端から取り込むことになり，無駄にデータ数が増えすぎるし，大きすぎると，必要なデータまで見逃すことになってしまう．トリガレベルは最大加速度に対する比率で設定するが，絶対値で5G，または10G程度になるように設定するのが妥当なところである．

フレーム長については，一般の包装品に生じる衝撃のパルス幅が最長でも30ms程度だから，波形記録だけを考えればフレーム長は50ms程度で十分なのだが，デジタル衝撃記録計の特徴である落下高さ解析を行うためには，自由落下状態の波形も記録する必要がある．1.5mの落下までを解析するためには0.613秒のデータ記録が必要となり，余裕を見込んでフレーム長を1秒に設定しておくのが妥当なところである．

電池の消耗を押さえるため，計測器は測定開始直前に電源スイッチをONにすること．古い2次電池はフル充電しても容量が少なくなっている場合があるので，電池残量の確認を忘れないことが重要である．

6.2.2 輸送機関の荷台振動

輸送条件としては，トラック輸送を前提として話を進める．日本国内の物流は，90％以上がトラック輸送であることと，鉄道輸送や船便の場合の振動の影響はトラック輸送の場合に比べて小さいことが分かっている．

また，鉄道輸送の場合には，積載位置に関する影響がトラックほど大きくないという特性があり，さらに，トラック以外の輸送機関（鉄道，船舶，航空機）の場合，積載位置の自由度がないことや，計測機器の搭載にも困難があり，輸送環境調査の実施は，不可能ではないがかなり難しいというのが実

情である．また貨物船輸送のデータについては，輸送会社が調査したデータを公表していることなども考慮して，上記の範囲に限定した．

(1) 試験条件の決定

車両の振動特性は，様々な要素によって異なった結果を示す．結果に影響を与える要素としては，表 6.3 に示すように様々なものがある．

この総ての要素を組み合わせて試験を行おうとすると膨大な試験が必要になり，実現は難しいため，自社の輸送環境に合わせて条件を限定する．

表 6.3 輸送試験結果に影響を与える要素

要素	内容
車両の種類	大きさ（何トン車か），サスペンション（リーフバネ，エアサス），ホイールベース，荷台構造（平ボディ，ウイング，冷凍車，専用車）
積み荷	質量（最大積載荷重の 6～8 割積載の場合，サスペンション効果が最大），位置（前荷，後荷，オフセット位置中心），固定方法（ボルト締め，ロープ掛け，ラッシングベルト，非固定）
道路	高速道路，一般道，首都高速（それぞれの道路の舗装状況も影響する）
走行速度	振動特性が大きく変化する
天候	晴れ，雨，雪（タイヤチェーンの有無も影響する），その他

(2) 測定箇所と測定方向

室内振動試験規格制定（見直し）を目的とする場合，計測箇所は荷台でなければ意味がない．従って，計測用の加速度センサは荷台上に取り付けることになる．荷台の前端（鳥居下），車軸上（オフセット位置），後端で振動特性が異なるため，各々の位置に 3 方向の加速度センサを取り付けて計測を行うのが一般的である．荷台左右についても，可能なら計測すべきである．

(3) 振動計測

輸送中の振動計測は，室内の計測装置とほぼ同じシステムを使用する場合と，電子式の輸送用小型衝撃記録計を使用する場合がある．以下に，各々の場合の機器等について説明する．

(a) 振動計測システムの場合

室内での計測と同様な装置を用いる場合，振動データの解析は，試験終了

後室内で実施するのが普通であるため，振動データはパソコンやデータレコーダに記録保存される．計測点数が10点を超える多チャンネル計測を行う場合など，パソコンでは記録速度や記憶容量の限界で計測に問題が生じることがあり，その場合にはデジタルデータレコーダを使用して計測を行うことが多い．データ解析は，室内試験の場合と異なり，振動波形のスペクトル分析と，パワースペクトル密度の解析，および，荷台の振動モードの解析などを行うことが多い．

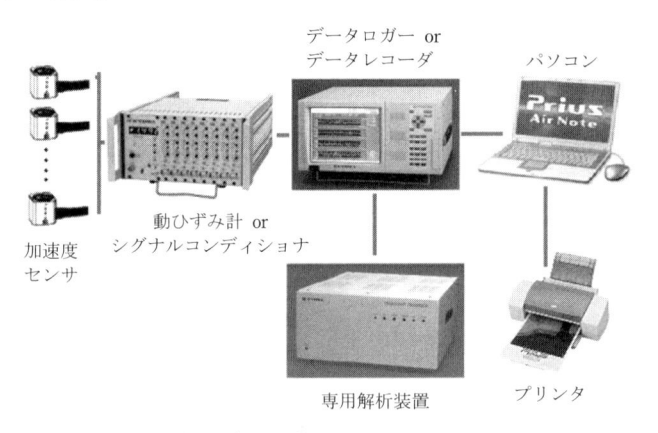

図6.7 振動データ計測システム（図5.10再掲）

振動計測システムを用いる場合は，全輸送過程の振動データを記録する．データの解析に当たっては，計測された全てのデータを確認した上で，自社の輸送条件を代表する幾つかの区間を選び出し，その区間のデータを詳細に解析し，組み合わせることによって，全区間を代表するデータとして整理することができる．代表区間としては，例えば以下に示すような条件を想定する．

① 高速道路　11トン車
② 一般道路　11トン車
③ 一般道路　4トン車
④ 一般道路　バン車
⑤ ラフ道路　4トン車
⑥ ラフ道路　バン車

6.2 輸送環境調査の考え方

なお，これらの条件はあらかじめ想定してシナリオを作成しておき，実際のテストでは，その条件に適合した道路条件を探して振動計測を行うのが望ましい．

(b) 電子式衝撃記録計の場合

電子式小型衝撃記録計でデータ採取を行う場合は，設定と解析の方法を誤ると，全く使い物にならないデータしか採取できないので注意が必要である．一般に衝撃記録計は輸送中に発生した最大加速度データのみを記録するように設定して使用する（イベントトリガ計測：ショックトリガ計測ともいう）．包装品の落下試験は，包装品が物流過程で受ける衝撃に耐えられるか否かを確認する試験であるから，製品に影響を与えるような過酷なデータが計測できれば十分なのである．包装品が荷扱いなどで衝撃を受ける回数は，1回の輸送中にせいぜい10回，多くとも30回以下だから，輸送過程の衝撃計測の場合はこのデータ記録方法で適切なデータを得ることができる．

ところが振動データを同じ方法で記録すると，輸送中の荷台振動の内，過酷な部分のみを記録することになる．実際の輸送中の荷台上で，過酷な振動が発生するのはほんのわずかの時間であり，他の大部分の時間はほとんど無視できる程度の振動が生じているのみである．つまり輸送中の大部分の期間の振動は記録されないのである．振動データを規格化する場合，このような方法で記録したデータに基づいて規格を決定すると，実際の輸送環境に比べて遙かに過酷な試験規格が出来上がることになってしまう．

従って電子式小型衝撃記録計でデータ採取を行う場合は，全区間を適当なインターバルで分割し，その区間ごとに1ユニットの記録を行うようにすれば，記録データをトータルすると全区間の振動を確率的に代表したデータが記録できる（タイムトリガ計測）．この方法で得られたデータに基づいて試験規格を決めれば，ほぼ輸送環境に近い試験規格が作成できる．

図6.8と図6.9は計測方法の違いによって，得られた結果が異なる様子を表したものである．データレコーダを利用した計測システムでは，(a)に示したように全区間のデータを採取するのだから，オリジナルの波形データがそのまま記録され，当然のことながらPSD特性も正しい結果が得られることになる．

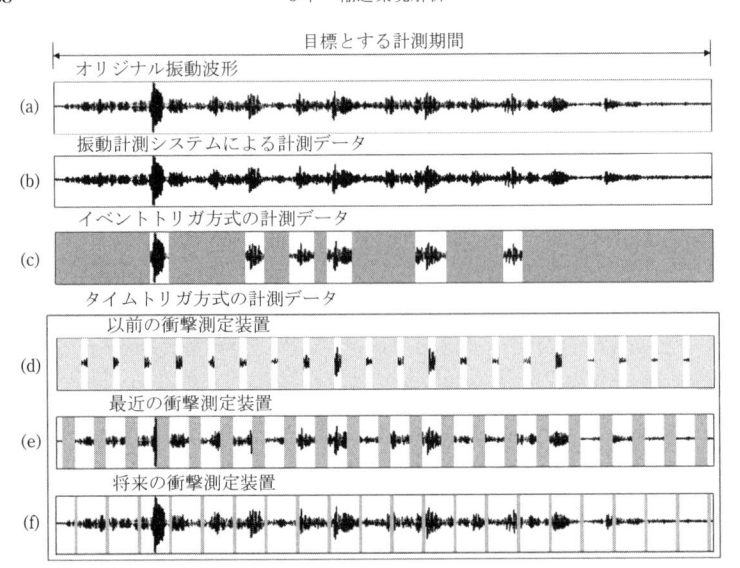

図6.8 計測方式による測定結果の違い

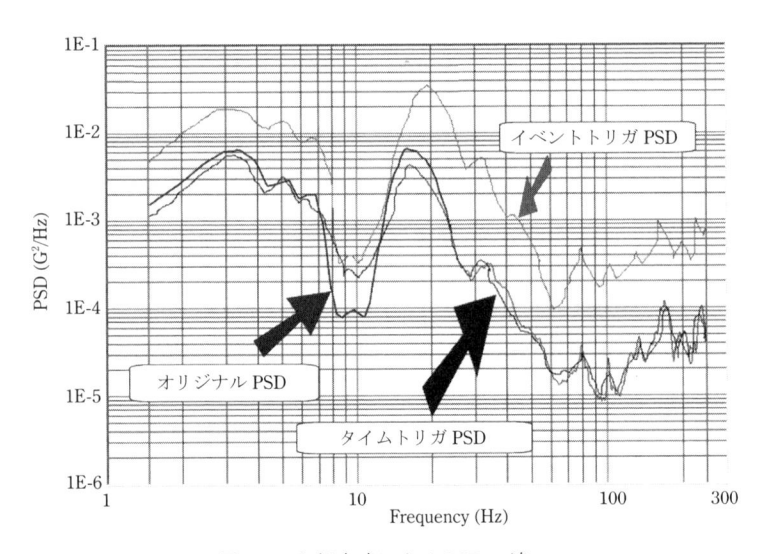

図6.9 記録方式によるPSDの違い

これに対し，イベントトリガ方式のデータ計測を行った場合は，トリガレベルを超えた波形だけが記録されるため，輸送中の荷台振動の内のとりわけ

過酷な部分のみを記録することになってしまい，PSD 解析の結果は輸送区間全体の PSD 特性と比較して，大幅に高いレベルのものが得られることになる．

タイムトリガ方式のデータ計測を行った場合は，全体の振動レベルの分布は全体のデータに近似したものとなるが，振動のピーク部分が計測データから外れることが多いため，PSD 解析の結果は正規の PSD 特性よりも全体的にややレベルが低下する傾向がある．ただしこの問題は，記録量が多いほど改善されるので，最近のトップレベルの衝撃記録計では，適切な使い方で計測を行った場合，正しいデータにかなり近い特性が得られることが分かっている．

(4) 衝撃記録計の設定

振動計測を行う場合，衝撃計測の場合と各設定項目の設定内容が若干異なったものとなる．主要な設定項目は衝撃計測と同じで，計測可能な最大加速度，サンプリングレート，トリガレベル，フレーム長，プリトリガ条件の 5 項目である．各項目の設定条件の例を，以下に示しておく．ここに記載した値はあくまでも一事例であって，すべての場合に適しているわけではない．

輸送中の振動計測の場合，計測可能な最大加速度の値は，20G に設定することが多い．実際に計測を行ってみると分かることだが，5G を超える加速度が発生することはさほど多くない．良好な舗装道路で法規遵守の運転を行えば，5G 以上の加速度は記録されないことも多い．しかし実際の輸送試験ではどのような条件の走行を行うかが不明であるし，コンクリート舗装道路の継ぎ目や，道路と橋の境界部分では，結構大レベルの加速度が発生することを考慮すると，上記の数値が妥当なレベルといえる．

サンプリングレートは衝撃計測の場合と同じく，1ms 程度に設定することが多い．振動データを解析する場合，解析可能な周波数範囲はサンプリングレートで決まってしまうので，解析条件を考慮して数値を決定する．サンプリングレートを 1ms に設定すると，解析できる周波数範囲は 1〜250Hz となるので，通常はこの条件で問題ない．500Hz までの解析が必要な場合は，サンプリングレートを 0.5ms に設定する必要がある．なお，サンプリングレートとフレーム長の設定によって，周波数分解能が変化するので，このこ

とも考慮して条件を決める必要がある．

トリガレベルは最大加速度に対する比率で設定するが，絶対値で0.1G，または0.2G程度になるように設定するのが妥当なところである．ただし走行道路の状況によっては，この条件では片っ端からデータを取り込むことになり，メモリ量が不足する事態も生じるので，事前に走行テストで確認してからレベルを決定するのが基本である．

サンプリングレートが1msの場合，フレーム長は1秒（厳密には1,024データなので，1.024秒である）に設定すれば妥当なデータを得ることができる．必要な場合はフレーム長を2秒に設定しても良い．

(5) イベント発生位置計測

最近の輸送環境調査では，GPSを併用して調査を行うことが多くなっている．従来の試験では，過大な振動や衝撃の発生地点を特定することは難しく，トラックの運行記録や作業担当者からの聞き取りによって，大加速度の発生地点を推測するという方法が実施可能な唯一の方法であったが，GPSを使用した輸送環境調査では，衝撃記録計の計測データとGPSの位置情報をリンクさせることにより，大加速度の発生地点を特定できるだけでなく，走行中の車両スピードを正確に把握することができるため，これまで想定していなかった各種の解析ができるようになってきている．

GPSの設定に関しては，GPSと衝撃記録計の時刻をきちんと合わせておくことと，GPSのデータサンプリング間隔を，衝撃記録計のフレーム記録のタイミングと一致させておくことが重要である．

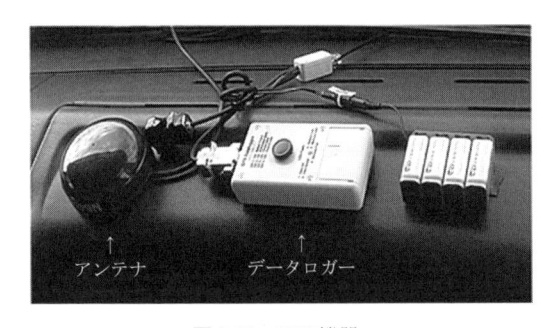

図6.10　GPS機器

GPS と衝撃記録計の時刻がきちんと合っていないと，大加速度が発生した位置の特定ができず誤った情報が記録されることになる．GPS の時刻設定については，国内で使用する場合は特に問題となる要素はないが，海外で使用する場合には，基準時刻をどのように決めるかに注意する必要がある．2 か国にわたる輸送環境調査を行う場合や，米国のように複数の時刻基準を持つ国では，基準時刻設定が重要になる．間違いが生じにくい方法としては，GPS の時刻をグリニッチ標準時に設定しておき，データ解析時に現地時刻とグリニッチ標準時のずれを補正するという方法を採用するとよい．

また，衝撃記録計のサンプリング間隔と GPS のデータサンプリング間隔が一致していないと，GPS と衝撃記録計のデータをマッチングさせる際，異常な結果が表示される可能性がある．データマッチングの際，衝撃記録計のデータ採取地点は，GPS データのうち最も近い時刻の点と対応させられるので，GPS のデータサンプリング間隔が衝撃記録計のサンプリング間隔より大きいと，別々の 2 つのデータが同じ地点で発生したという結果が生じることがあり，注意が必要である．

6.2.3 温湿度

包装貨物を保管する倉庫の温湿度は，従来から計測が行われてきた．最も多いパターンが午前午後各 1 回の定時測定を行い，データを記録する方式である．ところが，倉庫の湿度が高くなるのは通常深夜であり，この方式では温湿度データとしては不十分である．

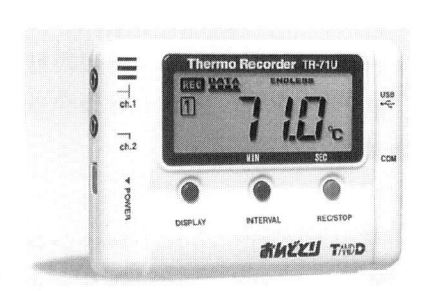

図 6.11 デジタル温湿度計
(㈱ティアンドデイ HP)

最近では，小型ポータブルタイプのデジタル温湿度計（図 6.11）が使用されることが多くなっており，温湿度に関しても十分精度の良いデータ記録が可能になっている．

輸送中の温湿度は，電子式小型衝撃記録計を使用すると，衝撃データのみではなく温湿度も記録可能である．従って，この場合は特別な機器は必要な

い．衝撃記録計を使用しない場合は，上記のデジタル温湿度計を使用して計測を行えば，必要なデータを得ることが可能である．

温湿度計測機器は，衝撃記録計内蔵タイプの場合も専用記録計の場合も，共にパソコンにつないで，専用ソフトを使用して使用条件の設定とデータ読み出しを行う方式を採用している．設定すべき項目は測定インターバルのみであり，問題となる項目はない．

6.3 衝撃データの解析

6.3.1 落下高さの解析

衝撃記録計によって得られるデータは加速度（波形とピーク G 値）であるが，試験規格を策定するために必要なのは，落下状況（落下高さと衝突箇所）に関するデータである．このための換算方法が考案されている．現在一般的に採用されている3通りの方法を説明しておく．

(1) フリーフォール解析

静止した物体には，常に重力加速度（1G＝9.8m/s²）が加わっている．落下開始の直後，物体に加わる重力加速度はゼロとなり，床面に衝突した瞬間に大きな加速度が発生する．従って加速度がゼロである時間を把握し，この時間を $H=gt^2/2$ の関係を用いて換算することにより，落下高さが把握できる．この方法による解析をフリーフォール解析と呼んでいる．

この方法でデータ解析を行う場合，計測された3方向の加速度を合成して合成波形を作成する必要がある．底面方向に落下した時は，落下中の波形は底面方向のみを確認すればよいのだが，稜や角方向に落下した場合や，回転しながら落下した場合は，3方向の合成が必要である．

ただし加速度センサは，静止状態でゼロ点較正されるため，上下方向の加速度は 1G が加わった状態を 0G と表示するように設定されている．そのため自由落下中の加速度の値は－1G となり，合成加速度は＋1G が表示されることになる．

落下が生じておれば落下中の合成加速度波形は，図 6.12 に示すように，0.9～1.0G 程度のほぼ一定の値を示す．

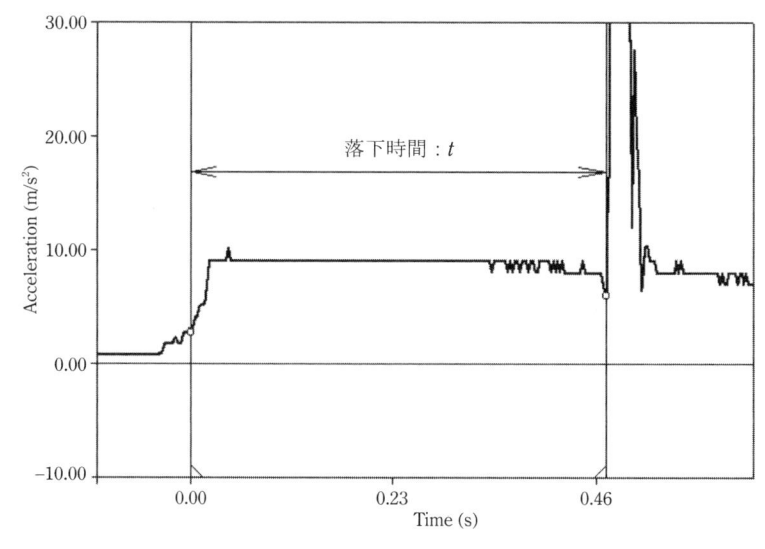

図6.12 落下高さの解析1
(エア・ブラウン㈱技術資料)

なお，自由落下中の加速度波形は，使用した加速度センサの種類によって，若干異なった結果を示すので注意が必要である．

加速度センサが静的感度を持ったセンサの場合（ひずみゲージタイプのセンサなど）は，自由落下中の1Gの部分はそのまま1Gを表示するが，静的感度を持たない場合（圧電タイプのセンサなど）は，自由落下中の1Gの部分は，最初は1Gを示すが徐々にレベルが低下していくことになる．従って波形を図6.13の形で表示すると，落下中の水平線で表示されている部分は，右下がりの直線で表示される．この傾きはセンサとアンプの特性によって異なったものとなるのだが，センサの違いによって見かけ特性が異なったものになるという事実に留意する必要がある．

(2) 波形面積換算法

あらかじめ落下時の反発係数を求め

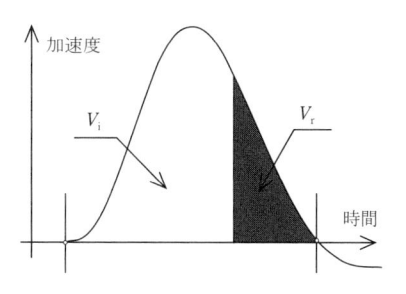

図6.13 落下高さの解析2
(エア・ブラウン㈱技術資料)

ておき，衝撃波形の面積（落下高さの平方根と比例する）から落下高さを推定する方法である．

衝撃加速度波形が囲む面積は，包装品が床面に衝突するときの衝突速度をv，包装品と床面の間の反発係数をe（$0 \leq e \leq 1$）で表したとき，$v(1+e)$で表される．

従って，あらかじめ反発係数（e）を求めておき，衝撃波形の面積を算出することにより衝突速度が求まり，さらに$H=v^2/(2g)$の関係から，落下高さHを求めることができる．

(3) G-H 換算法

あらかじめ落下方向ごとに，落下高さ（H）と発生加速度（G）の関係を求めておき，測定した加速度を落下高さに換算する方法である．

この方法を利用するためには，多くの方向ごとに換算テーブルを作成しておくことと，どの方向に落下した衝撃波形であるかを正確に分類する必要がある．そのため決定すべき要因が多く，誤差が生じやすい．

従来のアナログ式小型衝撃記録計の時代には，これ以外の換算方法がなかったため，頻繁に利用されてきたが，換算誤差が大きいことや換算データ作成に多大な手数がかかることなど問題点が多く，デジタルデータが入手できる時代には適切な方式とはいえない．

6.3.2 落下方向の解析

加速度はベクトルデータであるから，値と向きという2つの要素を持っている．落下方向は直交3軸衝撃波形の衝突時のベクトル成分を調べることによって推測できる．さらに落下途中の加速度データを調べることにより，床面衝突時の衝突状況のみでなく，落下中の荷物の姿勢を推定することも可能である．ただし，実際にはダミーの重心位置等の関係で，誤差が生じることもある．

落下中の加速度波形から，落下中の包装品の姿勢を推定するソフトは，一部の衝撃記録計に添付されている．図6.14は，この事例である．なお，落下姿勢の推定は，自分で行うことが可能なので，チャレンジしてみることをお勧めする．

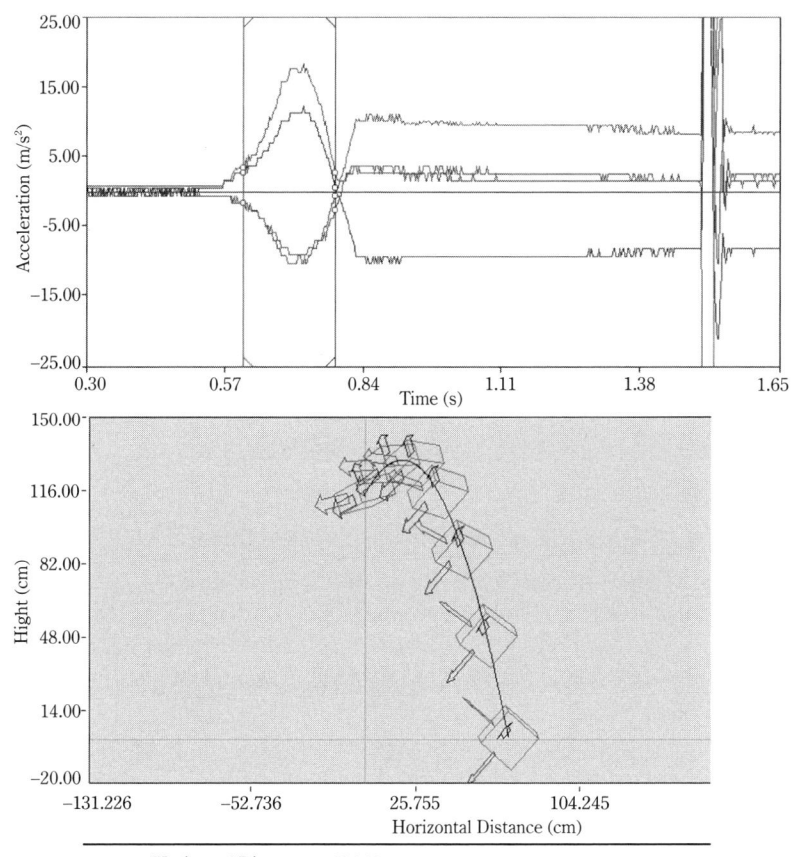

Horizontal Distance = 69.283cm
Resultant fell below the Free Fall Lower Bound at sample 318.
Impact Data:
　The Direction of Impact is $x=0.7332, y=-0.6229, z=-0.2728$
　The Total Change in Velocity During the Impact is 677.2522cm/s
　The Calculated Coefficient of Restitution is 0.3409

図6.14 落下姿勢解析結果
(エア・ブラウン㈱技術資料)

6.4 振動データの解析

輸送環境調査で得られた振動データは，各種の解析が行われる．一般的な解析の方法としては，PSD解析が行われることが多いが，加速度の発生頻

度分布(経過頻度分布と極値頻度分布)や,振動の過酷度(単位走行距離当たりの製品疲労への影響度),走行速度と実効加速度の関係などの解析が行われる.以下,これらの解析方法について説明する.

6.4.1 PSD 解析

最近の振動試験はランダム試験が主流となっているため,実際の走行データに対して PSD (Power Spectrum Density) 解析を行って,輸送中の荷台振動の周波数特性を把握し,その結果に基づいて試験 PSD を決定するのが一般的になってきている.輸送環境調査によって得られる生データは,横軸が時間軸で縦軸が加速度の波形であるが,PSD 解析を行うと,横軸は周波数,縦軸は PSD の形に変換される.両者の事例を図 6.15 に示しておく.

輸送試験に使用する各社のデジタル衝撃記録計は,専用のデータ分析ソフトが準備されている.データ分析ソフトには当然 PSD 解析ソフトも含まれているので,特別な技術知識なしで PSD 解析を行うことができる.

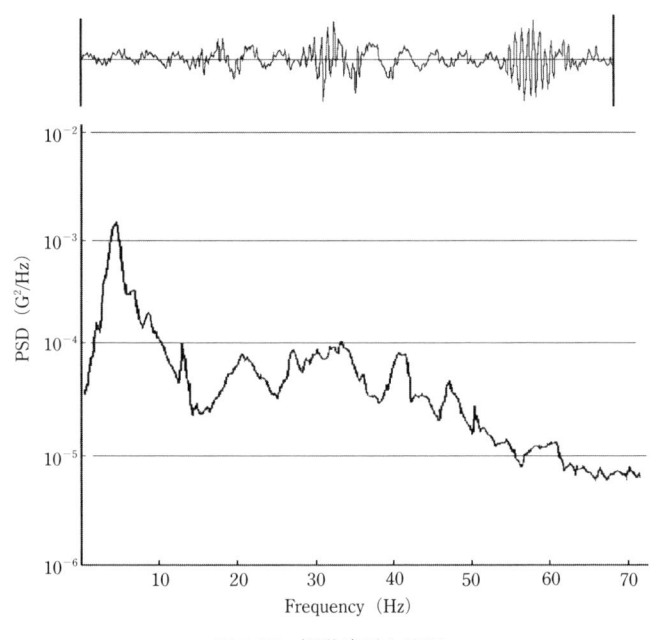

図 6.15 振動波形と PSD

PSD解析時の周波数範囲と分解能は，衝撃記録計の設定条件によって決まってしまう．従って，試験実施時の記録計の設定が重要なのである．衝撃記録計を 6.2.2 (4) で紹介した条件で設定した場合は，周波数解析範囲：1～250Hz，分解能 1Hz で解析が行われることになるので，一般の輸送データの解析の場合は十分な精度である．

PSD 特性曲線は，周波数ごとの振動エネルギー分布を表している．包装設計では輸送機関の荷台振動と製品の共振周波数を調べ，さらに包装の固有振動数がこれらの周波数と重ならないように配慮する必要があるので，このデータは重要である．また，ランダム振動試験規格は，この PSD 特性を基本として設定されるので，その意味でもこのデータは重要な意味を持っている．

PSD 解析を行うと，PSD 特性曲線の他に G_{rms} 値といわれる値が計算され表示される．この値は，その PSD 全体の平均加速度を表しており，その振動がどれほど厳しいものであったかの指標として利用できる．ただしこの値は，周波数範囲が変わると異なった値を示すので，他のデータと比較する場合は，同じ周波数範囲について解析したデータで比較する必要がある．

6.4.2 加速度分布

輸送機関の荷台振動は，ランダム振動で近似される．厳密にはショック・オン・ランダムといわれる振動であるが，橋の継ぎ目やコンクリート舗装の継ぎ目など，特別な箇所を除くとショック波形はほとんど含まれないので，大まかにランダム振動と見なしてもさほどの影響はない．

ランダム振動は，経過頻度分布が正規分布となり，極値頻度分布がレイリー分布となることが分かっている（図6.16）．そこで，計測した振動波形の加速度分布を解析すると，その振動の特徴を明確にすることができる．

実際に輸送中の荷台振動の加速度分布を解析した結果を，図 6.17 に示しておく．

このデータは，首都高速道路を走行中の荷台振動の，極値頻度分布の解析を行った例であるが，ピーク発生の状況がレイリー分布に近似していることが分かる．このデータは，製品部材の蓄積疲労の解析に有効で，この結果を

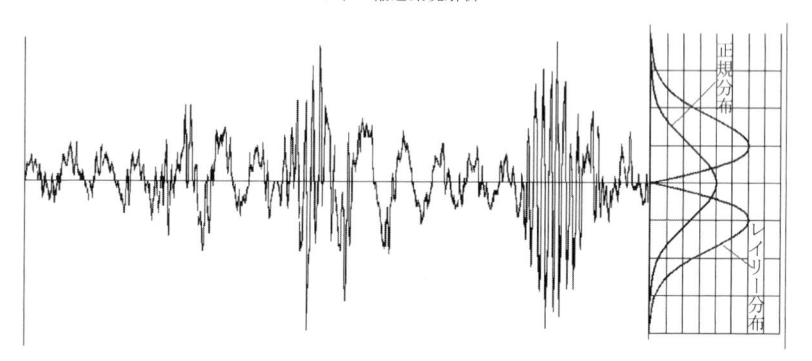

図6.16 ランダム振動の加速度分布

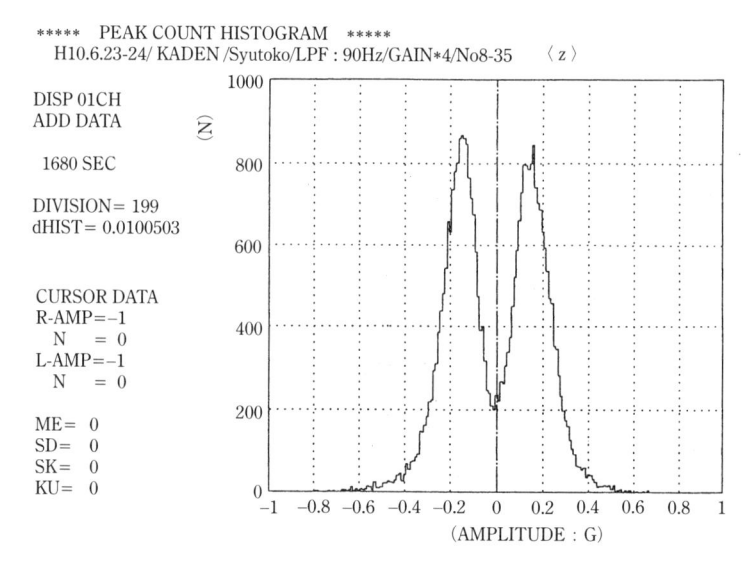

図6.17 走行中の荷台振動の加速度分布の例

基にその輸送条件について振動の過酷さのレベルを算出し,実走行と室内試験条件の等価性の検討や,試験を実施していない輸送ルートの輸送環境推定に利用することができる.

6.4.3 走行速度と加速度実効値

PSDの項で説明したように,PSD解析を行うとG_{rms}値が求まる.また,

計測データを GPS のデータとリンクさせて解析することにより，そのデータが得られた時の走行速度も知ることができる．車両の走行速度と G_{rms} 値の関係を調べると，いろいろとおもしろい事実が判明する．まず最初に，図 6.18 を見てほしい．このグラフは南米での輸送試験で，18 時間の走行で得られた約 8,000 個のデータをプロットした結果である．

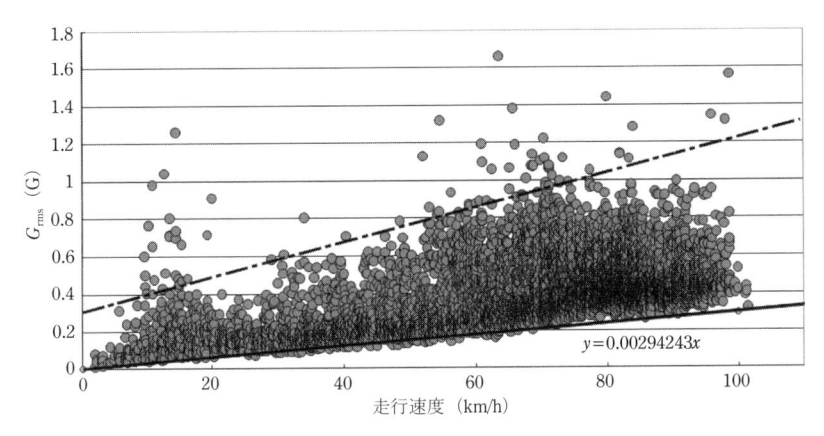

図 6.18 走行速度と G_{rms} の関係

このグラフの下部の，($y=0.00294243x$ という関係式で表示されている）原点を基点とした右上がりの直線より下の部分には，ほとんどデータが存在しないことが分かる．車両の速度が高速になるほど，G_{rms} 値の最小値は大きな値を示すのである．高速走行中は，荷台に発生する振動の全体のレベルが増加し，微小振動のレベルも高くなるので，トータルで大きなエネルギーを持ってしまう．つまり高速走行の場合，いくら注意して走っても，荷台振動のレベルを低く保つことはできないということである．このことは，積載貨物を安全に輸送するためには，ある限度以上の高速で走行することは避けなければならないということを意味している．

もう 1 つ注意すべき点は，図中の一点鎖線より上に，他のデータとは飛び離れて大きな値が表示されており，このデータが 10km/h 近傍と，50km/h を超える部分に分かれて存在していることである．50km/h 以上の高速領域のデータは，一般道路や高速道路を走行中に，道路と橋の境目や，道路が傷

んだ部分を走行した際に生じたものと考えられる．低速領域のデータは，道路の痛みが激しい部分を，ドライバーが低速で注意しながら走ったにもかかわらず，吸収しきれなかった衝撃の可能性が大きいが，さらにデータを集めて原因を明確にすべき項目である．

G_{rms} の値と発生回数の関係を調べたものが，図 6.19 である．このグラフを見ると，G_{rms} 値の分布は，やや変形した正規分布であるかのように思える．しかし，このような物理現象の発生確率が正規分布に近似するということは，統計学の常識と適合しない．

そこで先ほど注目した図 6.18 の最下レベルを示すラインが x 軸と重なるようにデータを移動させ，変更後の G_{rms} 値（Mod-G_{rms}）と発生回数の関係をグラフ化してみると，図 6.20 が得られる．この図の分布は，レイリー分布

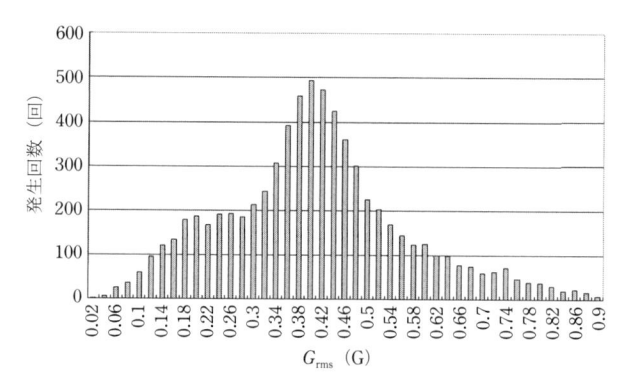

図 6.19 G_{rms} の発生頻度分布

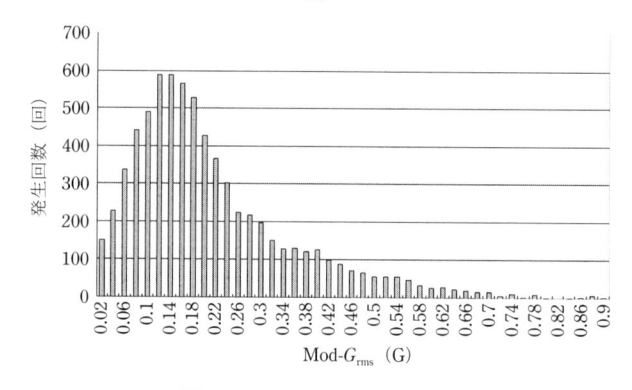

図 6.20 Mod-G_{rms} の発生頻度分布

に近似している．多くの自然現象がレイリー分布に近似した特性を示す傾向があるという事実が判明しているが，トラックの荷台振動という自然現象とは言い難い現象も，レイリー分布で表すことができそうである．

6.5 測定データの規格化について

輸送試験データ計測を行う主な目的は，貨物試験規格の制定または見直しであることが多い．試験規格化についての手法は，振動と落下ではかなり異なっており，それぞれについて，かなりの経験とノウハウが必要である．規格化手順の詳細を記載すると相当の分量になるので，ここでは省略する．一通りの手順は別の資料[1]に記載してあるので，必要があればそちらを参照頂きたい．

6.6 温湿度について

倉庫内の温湿度データは，保管中の温湿度の日較差や最高最低温湿度のデータとして使用される他，クリープ試験の環境データとして利用される．また，輸送環境調査で収集された温湿度データは，物流環境下での温湿度の情報として利用される．特に輸送環境では，コンテナ内部の温湿度や結露条件の確認など，利用範囲は広い．

ただし，特別なデータ解析を必要とすることはほとんどないため，計測データのままでデータベース内にストックされ，必要に応じて照会され利用されている．

参 考 文 献

1) 長谷川淳英：輸送試験データの規格化，日本包装学会誌，Vol.13, No.2(2004)
2) JICA：「メルコスール域内産品流通のための包装技術向上計画調査」最終報告書(2007)
3) 柳原俊二：輸送環境データの解析技術と記録計の最新情報，日本包装学会誌，Vol.10, No.6(2001)

7章 包装設計

7.1 緩衝材と緩衝設計

7.1.1 緩衝材の衝撃吸収特性グラフの特徴

　緩衝設計を行うためには，最低限，緩衝材の衝撃吸収特性とひずみ特性の2種類の特性グラフを利用する．衝撃吸収特性を表すグラフとしては，「最大応力-緩衝係数線図」と「静的応力-最大加速度線図」の2種類が主に利用されており，ひずみ特性を表すグラフとしては「ひずみ-応力線図」と「静的応力-瞬間最大ひずみ線図」の2種類が利用されている．「最大応力-緩衝係数線図」は「ひずみ-応力線図」とセットで利用され，「静的応力-最大加速度線図」は「静的応力-瞬間最大ひずみ線図」とセットで利用される．

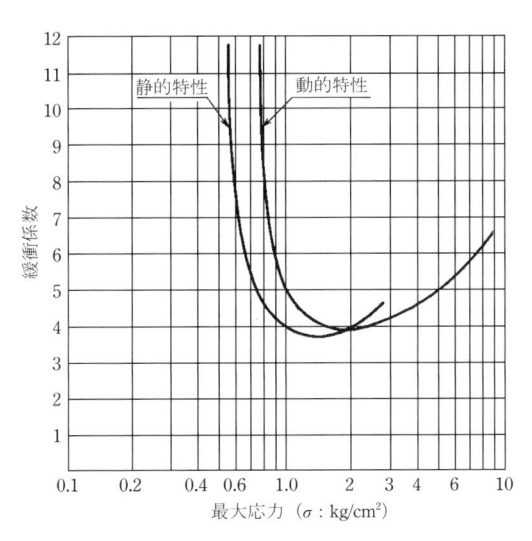

(1) 最大応力-緩衝係数線図

　図7.1に示す「最大応力-緩衝係数線図」は1つの特性曲線のみで，任意

図7.1　最大応力-緩衝係数線図

の落下高さに対する緩衝材の必要厚さと受圧面積を算出できるという特徴をもっており非常に便利な線図であるが，素材自身の粘性による影響を無視しているため，材料特性を測定した落下高さ以外の条件に対しては誤差を生じ，限界緩衝設計を行うのには適していない．従って実際の緩衝設計は，次の「静的応力-最大加速度線図」を利用する方法を採用する必要がある．ただし，この特性曲線以外にデータを発表していない緩衝材も存在するため，この特性曲線を利用する方法も覚えておく必要がある．

緩衝係数-最大応力線図のグラフを使用すると，グラフの曲線の最低点の座標を読みとり，試験落下高さ（H）と製品の耐加速度値（G）を式(7.1.1)に代入することで，必要な緩衝材の厚さ（T）を簡単に求めることができる．

$$CH = GT \quad または \quad T = \frac{CH}{G} \quad (7.1.1)$$

なお，この線図には，60cm の高さから緩衝材に重錘を落下させて求めた動的特性と，圧縮試験装置を用いて，クロスヘッドスピード 25mm/min で緩衝材を圧縮し，その結果から計算で求めた静的特性があり，図から明らかなように，両者の特性はかなり異なっている．緩衝設計には，動的特性を利用すること．

このグラフには，さらにもう 1 つの重要な特徴がある．グラフの最低点の緩衝係数（C）の数値を比較することにより，異なった素材間の緩衝材としてのエネルギー吸収特性を比較するための指標として利用できるということである．新素材の緩衝材としての特性を比較する場合，簡易な方法として，緩衝係数の大小を比較することにより，衝撃吸収機能の優劣の見当をつけることが出来る．また，グラフの最低点の最大応力の値を読みとることにより，その材料が軽量物の緩衝材として適しているか，重量物に適しているかを判断できる．さらに，グラフの下向きの凸部が尖っているか，なだらかであるかを見ることにより，使用できる応力範囲が狭いか広いかを直感的に判断できる．

1994 年の JIS 改訂では，最大応力-緩衝係数線図は不要であるという議論がなされたが，上記した緩衝性能比較のための指標としての役割を考慮して，緩衝係数の測定方法は JIS からの削除を免れたという経緯がある．

(2) ひずみ-応力線図

この線図は (1) で述べた「最大応力-緩衝係数線図」を用いて緩衝計算を行うとき，突起がある製品の緩衝設計を行う場合，厚さと受圧面積が適切か否かを確認するための線図である．「最大応力-緩衝係数線図」と同様に，動的特性と静的特性がある．緩衝設計に動的特性を用いることは，「最大応力-緩衝係数線図」の場合と同じである．

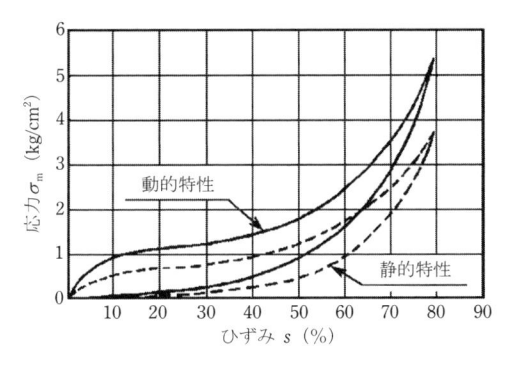

図 7.2 ひずみ-応力線図

(3) 静的応力-最大加速度線図

「静的応力-最大加速度線図」は緩衝材の必要厚さと静的応力を直読することができ，また落下高さごとに特性曲線が作成されているため，精度の良い緩衝設計を行うことができるので，緩衝設計には欠かせないグラフである．

使い方は簡単で，グラフの縦軸上の製品の許容加速度を通る横線を引き，この横線と交差する特性曲線上で，最も厚さ (T) の値が小さな曲線が緩衝材の必要厚さであり，さらにその曲線上の最低点の静的応力が，適正応力である．また発生すると予測される加速度は，最低点の値を直読するだけで読み取ることができるので，簡単に緩衝材の条件を求めることができる．

このグラフには，1回目の落下の特性を示したグラフと，2〜5回目の落下の平均特性を示したグラフが存在する．以前は2〜5回目の落下の平均特性のグラフが使用されることが多かったが，最近は原価意識が高くなっていることや，荷扱いのレベルが向上していることもあり，1回目の落下のデータを使用して設計することが多い．このグラフの実際的な使い方は，次項で

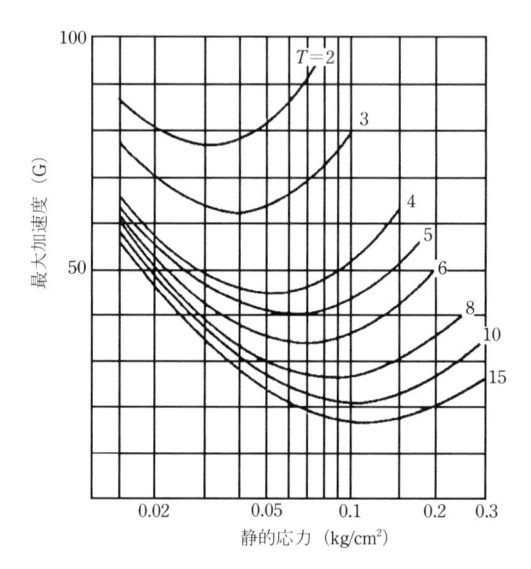

図7.3 静的応力-最大加速度線図

説明する．

(4) 静的応力-瞬間最大ひずみ線図

　この線図は(3)で述べた「静的応力-最大加速度線図」を用いて緩衝計算を行うときに用いるもので，突起がある製品の緩衝設計を行う場合，厚さと

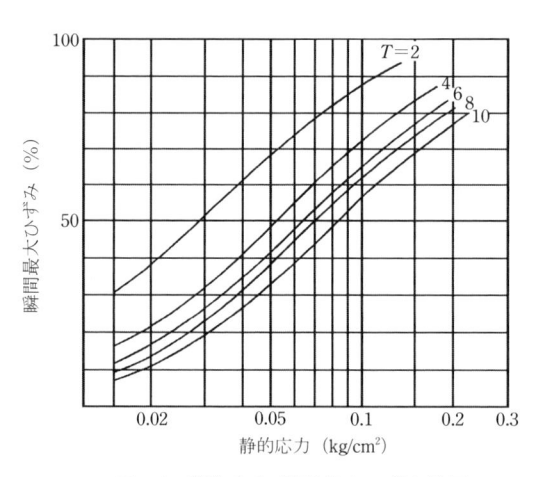

図7.4 静的応力-瞬間最大ひずみ線図

受圧面積が適切か否かを確認するための線図である．このグラフも落下高さごとに作成される．

またこのグラフに，1回目の落下の特性を示したグラフと，2〜5回目の落下の平均特性を示したグラフが存在するのも，同じである．

7.1.2 緩衝材の特性グラフの基本的な使用方法（事例1）
(1) 緩衝材厚さと受圧面積算出

まず，「静的応力-最大加速度線図」の使用方法を，図7.5 を使って説明する．製品の許容 G 値は55G，製品質量は5kg とする．

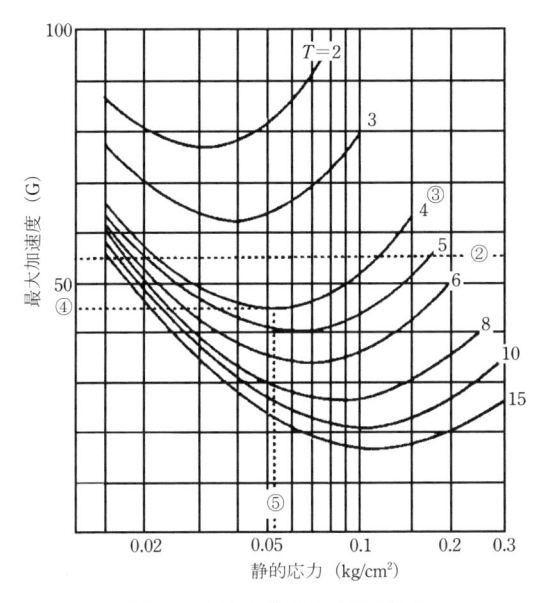

図7.5 厚さと静的応力読み取り

① まず試験落下高さに対応した「静的応力-最大加速度線図」を準備する．
② 次にグラフ上で製品の許容加速度のラインを引く．
③ このラインと交差する特性曲線のうち，最も厚さの薄い曲線を選べば，この厚さが緩衝材の必要厚さ T である．
　⇒事例の条件では，55G のラインと交差する曲線は $T=4$cm 以上のす

べてが当てはまるので，最も薄い 4cm が求める厚さである．

④ 厚さ T の曲線上で，曲線の最低点の加速度 (G) を読み取る．読みとった加速度の値が発生予想加速度である．

⇒厚さ 4cm の曲線の最低点の加速度の値を読み取ると，予想加速度：45G が得られる．

⑤ さらに，最低点の静的応力（σ_{st}）の値を読み取る．この静的応力の値が設計に使用する静的応力である．

⇒最低点の静的応力（σ_{st}）の値を読み取ると，適正応力値：0.053kg/cm² が得られる．

⑥ 次に，σ_{st} の値を式(7.1.2)に代入すると，適正受圧面積（A）を求めることができる．

$$A = \frac{W}{\sigma_{st}} \quad (7.1.2)$$

⇒式(7.1.2)に数値を代入すると，$A=5/0.053=94.3$ だから，適正受圧面積は 94.3cm² である．

(2) 最大ひずみ量の算出

「静的応力-瞬間最大ひずみ線図」は突起がある製品の緩衝設計を行う際，緩衝材の最大ひずみが生じた時点の緩衝材の残り厚さを調べて，製品の突起部分が底付きを生じることがないかどうかを確認するために使用するグラフである．このグラフは，落下高さごとに作成されている．以下に，このグラフの使用方法を図 7.6 を用いて説明する．製品の条件は，「静的応力-最大加速度線図」の場合と同じとし，突起寸法は，15mm とする．

⑦ グラフの横軸上に静的応力 σ_{st} の値をとり，この位置を通り縦軸と平行な線を引く．

⑧ この縦線と緩衝材厚さ（T）の特性曲線の交点の瞬間最大ひずみの値を読み取る．この値は緩衝材が最大圧縮を受けた時点でのひずみ量（S：%）を表している．

⇒緩衝材厚さ 4cm の曲線上で，静的応力が 0.053kg/cm² の点の瞬間最大ひずみの値として，51% が読み取れる．

⑨ 緩衝材の厚さ T と（$1-S$）の積を計算すると最大変位時点での緩衝

7.1 緩衝材と緩衝設計　　　　　　　　　　　　　　109

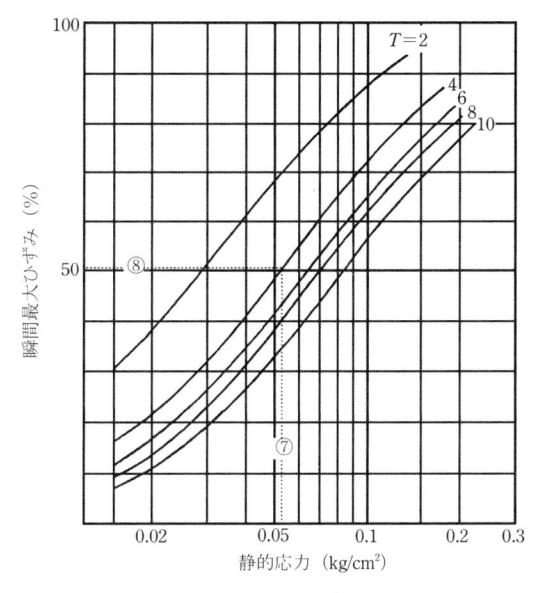

図7.6 ひずみ量読み取り

の残り厚さが求まる．この残り厚さが，突起寸法を超えていれば，緩衝計算は完了したことになる．

　　⇒瞬間最大ひずみは51％だから，緩衝材厚さが最小になった時の緩衝材の残り厚さは $4 \times (1 - 0.51) = 1.96$ (cm) が求まる．この値は，突起寸法の15mm より大きいので，この結果で問題ない．

　以上が，緩衝材の特性グラフを使用して緩衝設計を行う時の，各数値決定の基本方法である．実際にこの方法で緩衝設計を行う場合には，このように単純な処理だけでは数値が求まらないのが普通である．例えば緩衝材の厚さは，緩衝材の使用量，ひいては緩衝材コストに影響することや，緩衝材厚さが大きくなると包装寸法が大きくなり，トラックなどの輸送機関の荷台に積み込むことのできる台数が減少して，輸送価格がコストアップになるなどの問題があるため，包装設計者は可能な限り緩衝材の厚さを薄くしようとするのが普通である．

　また，最大ひずみが生じた時の緩衝材の残り厚さより，突起寸法の方が大きいという事態は，しばしば遭遇するケースである．このような場合の数値

修正の方法について，以下に説明しておこう．

7.1.3 限界厚さの緩衝材の条件を求める方法（事例2）

この場合も，緩衝材の仕様決定のために，「静的応力-最大加速度線図」を使って数値を算出することには変わりはない．実際の手順は，図7.7を使って説明する．事例1と同じく，製品の許容G値は55G，製品質量は5kgとする．

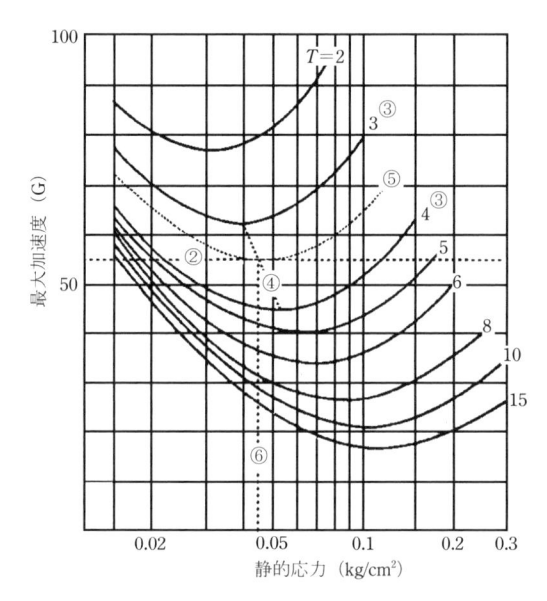

図7.7 厚さと静的応力読み取り

① まず試験落下高さに対応した「静的応力-最大加速度線図」を準備する．
② 次にグラフ上で製品の許容加速度のラインを引く．
③ このラインと交差する特性曲線のうち，最も厚さの薄い曲線とそれよりも更に厚さが薄い曲線の2本を選ぶ．
　⇒$T=4$cm と $T=3$cm の2本の曲線が，事例の条件に合致する．
④ 上記2本の曲線の最低点を，直線で結ぶ．
⑤ この線と，耐衝撃強さの線の交点を最低点とし，両曲線からの距離の

比率が一定になるような曲線を引く．この曲線が，緩衝材の最小厚さの特性曲線である．

　⇒この事例では，緩衝材の厚さは3.4cmである．

⑥　作成した曲線上の最低点の静的応力（σ_{st}）の値を読み取る．この静的応力の値が，設計に使用する静的応力である．

　⇒厚さ3.4cmの曲線の最低点の静的応力（σ_{st}）の値を読み取ると，適正応力値：0.045kg/cm^{2}が得られる．

⑦　予想発生加速度は，当然55Gである

7.1.4　底付きの対策（事例3）

一般の製品では取っ手やプラスチック製の脚など，受圧面からかなり大きく出っ張った部品が存在するのが普通である．緩衝材の残り寸法が突起寸法を下回った場合，いわゆる底付きが発生するので，底付きを避けるために緩衝材の厚さを増加させるか，受圧面積を増加させるかのどちらかの方法を採用して，底付きが生じない条件を探す必要がある．

面積をどの程度増加させるか，厚さを変更するかの条件を繰り返し計算で求めるのは結構手間が掛かるのだが，「厚さT（cm）の緩衝材が最もひずんだ時の緩衝材の厚さをT_R（cm），瞬間最大ひずみをS（％）とすると，緩衝材の残り厚さは，$T_R=T(1-S)$で表され，この値は突起の最大高さhよりも大きいか等しくなければならないから，数式で表すと，$h \leq T(1-S)$である」ということを利用すると，適正受圧面積を簡単に求めることができる．特性グラフを利用して，この計算を簡単に行う方法を説明しておく．製品の条件は事例1と同じく，製品の許容G値は55G，製品質量は5kgとし，突起寸法のみ変更して25mmとする．（図7.8と図7.9参照）

①　事例1で説明した手順に従い，緩衝材の厚さ（T）と静的応力（σ_{st}）を求める（図7.9）．

②　$h \leq T(1-S)$となるSの値を計算する．

　⇒$2.5 \leq 4 \times (1-S)$より，Sの値は0.375が求まる．

③　静的応力-瞬間最大ひずみ線図のグラフ（図7.8）上に，$S=0.375$のラインを引く．

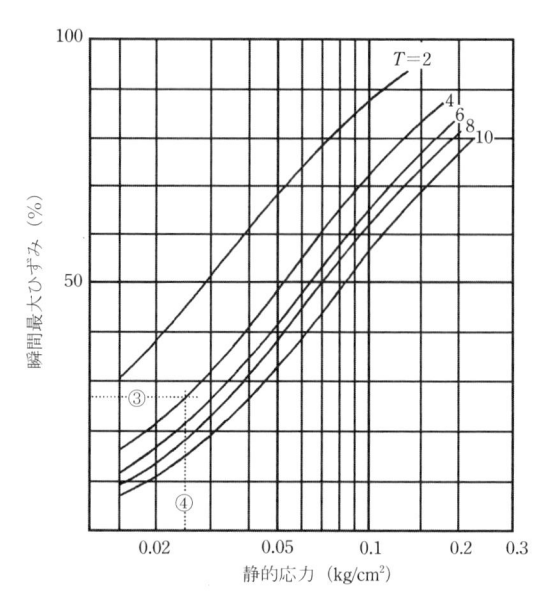

図 7.8 ひずみ量読み取り

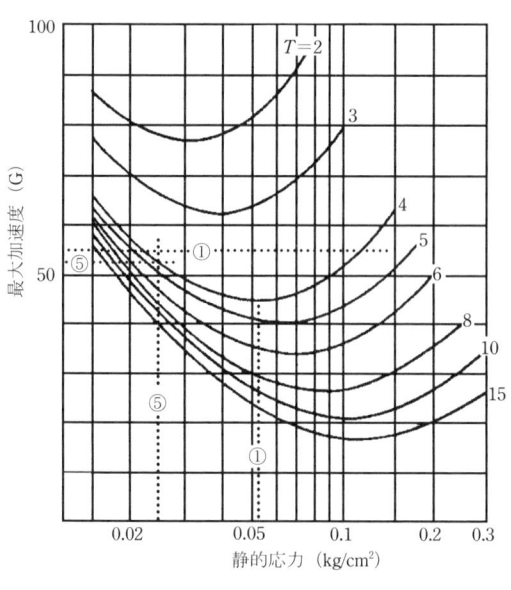

図 7.9 静的応力変更

④ このラインと，$T=4\text{cm}$ の曲線の交点の静的応力を求める．
$\Rightarrow \sigma_{\text{st}}=0.025\text{kg/cm}^2$

⑤ 図 7.9 に戻って，この時の発生加速度の値を確認し，製品の耐衝撃値以下であれば OK．この値が製品の耐衝撃値を超えている場合は，緩衝材の厚さを増加させ，②以降の作業を繰り返す．
$\Rightarrow$ この事例では，予想される発生加速度は 52.5G で，耐衝撃値以下であるため OK．

⑥ 受圧面積を計算する．
$\Rightarrow$ 式(7.1.2)に数値を代入すると，$A=5/0.025=200$ だから，適正受圧面積は 200cm^2 である．

7.1.5　受圧面が平面ではない場合の受圧面積

最近の家電製品や電子機器などは，最外部に位置するケースやハウジングが，プラスチックで作られた製品が多い．プラスチック製品は簡単に任意の形状に成形できるので，デザイン上の自由度が高いという利点があるが，稜部や角部が曲面となっている製品が多いため，包装設計の立場で考えると，製品固定や受圧面の確保が難しい場合が多いという不都合な点もある．

緩衝材を当てる面が曲面である場合，受圧面積はその投影面積と考えるのが一般的である．大まかにはこれで正しいのだが，実際上は細かな点で注意が必要である．

受圧面というのは製品と緩衝材が接触している面であり，衝撃を受けた時に緩衝材が変形して衝撃を吸収するエリアである．製品と緩衝材，緩衝材と包装箱の内寸法がピッタリと隙間無く作られている場合は，製品の質量が確実に緩衝材に伝えられるので，受圧面は設計計算のとおりの寸法となるが，一般に包装箱と緩衝材の寸法は，箱詰めの作業性を高めるためクリアランスを設けて設定され，このため製品は包装箱の中でずれを生じやすく，緩衝材との接触面積が変化することになる．

図 7.10 の下半分の図は，ずれが生じたときの製品と緩衝材の位置関係をモデル化したものである．

製品の稜部や角部が直角である場合は，製品の位置ずれによる面積変動の

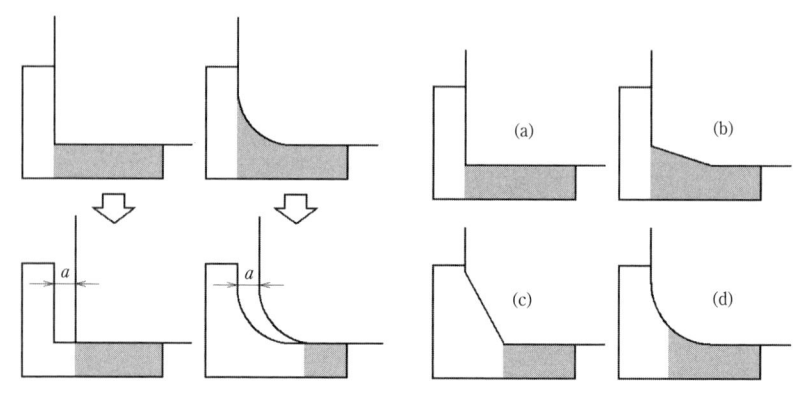

図7.10 ずれによる受圧面積の変化　　**図7.11** 受圧面の角度と受圧面積

影響はあまり大きくないが，稜部や角部にアールがあって曲面を構成している場合は，ずれ量は同じであっても，受圧面積の変動は非常に大きくなる．従って製品が移動した場合，緩衝材も一緒に動き，受圧面積が変化しないような工夫が必要である．

　図7.11の(a)のように内容品の受圧面が衝撃方向と直角（つまり水平）である場合は，衝撃力は確実に緩衝材を圧縮する力として作用する．ところが内容品の受圧面が傾いている場合，衝撃力は緩衝材を圧縮する力として働くだけでなく，内容品と緩衝材を引き離す力として作用することになる．

　この場合，受圧面の角度が，水平面から離れているほど引き離し力は大きいので，図の(b)の場合は全体を受圧面と見なすことができるが，その角度があるレベル以上になる場合は，受圧エリアとして見なすことができなくなる．

　また緩衝材が圧縮されることによるひずみ量も，緩衝材の厚さが大きなエリアでは厚さが薄いエリアと大きく異なった値となり，エネルギー吸収も効率的には行われない．従って図の(c)のような場合，実際に受圧面と見なすべきエリアは，塗りつぶしたエリアとなる．

　製品の底部が(d)に示すような曲面で構成されている場合は，受圧面と見なせるエリアは曲面の中間にくるのだが，厳密に受圧エリアを算出することはできないため，最適値の決定はトライアンドエラーで行うしかない．

7.1.6 受圧面積の配分

製品の重心位置は，ほとんどの場合製品の中心位置にはない．従って，緩衝材を左右対称に設計すると，左右の緩衝材に加わる応力は異なったものになってしまう．

緩衝設計ではあらかじめ決めた応力を想定して，衝撃吸収機能を計算するため，応力が異なっていては希望する衝撃吸収効果が得られない．このため，重心位置に対応して，受圧面積を調整する必要がある．

受圧面積の調整方法は，重心位置から受圧部分までの距離を測定し，面積がその距離と反比例するように定めればよい．

具体的には図 7.12 に示すように，重心位置から製品端部までの寸法を L_1，L_2 とした場合，緩衝材の受圧面積を A_1，A_2 とすると，つり合いの関係が成立するように面積を配分すればよいので，計算は簡単である．

なお，受圧面積の調整は前後左右方向のみではなく，上下方向についても実施する必要があることに，注意していただきたい．

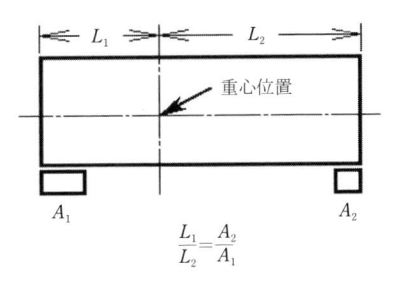

$$\frac{L_1}{L_2} = \frac{A_2}{A_1}$$

図 7.12 重心ずれと面積配分

7.1.7 緩衝計算結果の図面化

緩衝設計計算が完了したら，次のステップはバラバラに求められた緩衝材のパーツを 1 つの緩衝材としてまとめ，実用化可能な形状に置きなおして図面化することである．一体の緩衝材にまとめる方法としては，段ボールなどの別シートに貼り付けて使用する方法と，バラバラの部品につなぎ部分を追加して一体化し，成形加工可能な形状にして 1 つの緩衝材にまとめる方法がある．段ボールなどの別シートに貼り付けて使用する方法は，環境問題などの影響もあり，最近では事例がほとんどなくなっている．ここでは，成形加工で作製される緩衝材を想定して，一体化された緩衝材にまとめる方法を説明する．

緩衝設計計算が終了して，各面方向の緩衝材の厚さと受圧面積が決定して

も，求まった数値は各面ごとにバラバラであり，つなぎ部分の追加や，受圧部分の移動の作業が必要である．以下に，緩衝材の形状補正を行う方法を説明する．

図 7.13 は，緩衝計算の結果に基づき，製品の周りに緩衝材を配置した状態を示している．このバラバラの緩衝材の最外殻を取り囲む直方体を考えると，成形緩衝材の外形が決まる．内側表面は製品との接触面である．このようにして寸法を算出した緩衝材は，最大寸法を決定した面以外の面では，受圧面積が多過ぎることになるので，適当な寸法に調整する．

① 最初に，全体を一体化するために，稜部に緩衝材を充填する（図7.14）．稜・角落下時に，直接製品の稜や角部に衝撃が伝わらないようにするためにも，このステップは欠かすことができない．

② 次に外形の段差部に，適当な傾斜をつけて連続した形状に整形する．緩衝材外形のうち，段差部が直角になっている部分を傾斜した外形線に置き

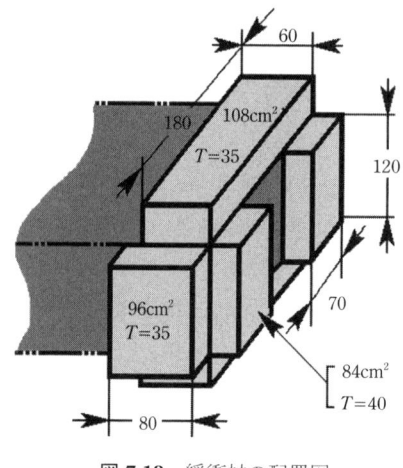

図 7.13　緩衝材の配置図

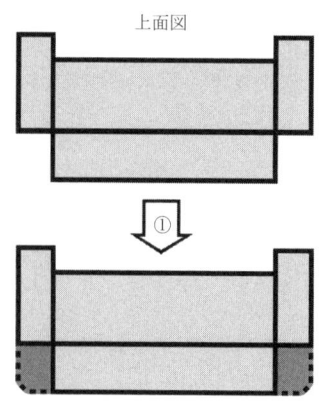

図 7.14　コーナー部の充填

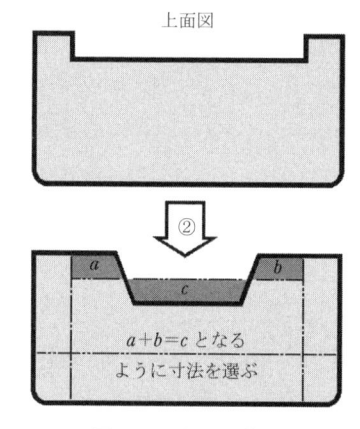

図 7.15　外形の整形

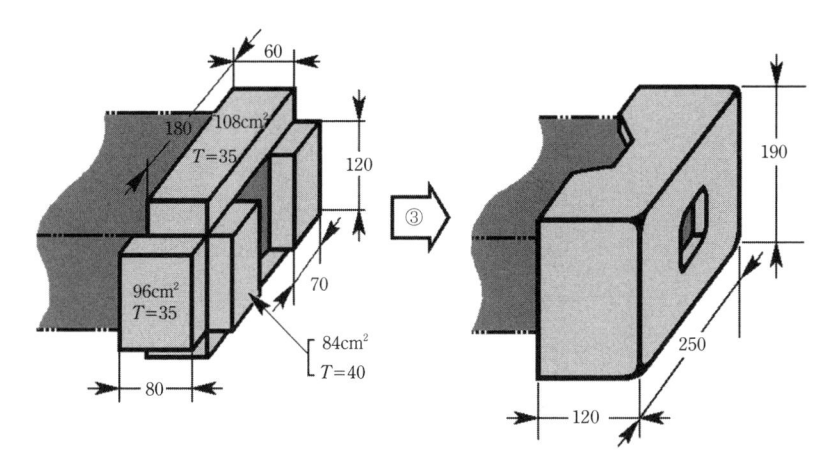

図7.16 型もの緩衝材に変更するための形状補正

換えると共に，荷重支持部分を製品強度の大きい稜部に集めて，バランスのよい衝撃吸収を行わせる．作業としては，図7.15のように，緩衝材中央部分の面積 (c) を稜部に近い箇所 (a) と (b) に，$a+b=c$ の関係が成立するように移動させればよい．

③ 完成した緩衝材は，図7.16に示した形になる．

7.1.8 緩衝材の特性グラフに必要な値がない場合の処理

メーカーが提供している特性グラフには，必要なデータが抜けている場合がある．

例えば図7.17を使用して70Gの製品の包装設計を行おうとした場合，$T=3$cm ではほんの少し不足で，$T=4$cm では余裕がありすぎることになる．

この場合，包装寸法を小さくするためには，なるべく緩衝材の厚さを薄くする必要があり，$T=3$cm と 4cm の間のデータが必要になる．

このような場合の対応については，すでに7.1.3項に事例で説明したが，もう一度確認しておこう．

まず $T=3$cm と 4cm の両曲線の最低点を求め，この点同士を結び，次にこの線分の中点を通り両曲線間の中央を通る曲線を描けば，$T=3.5$cm の特性をほぼ代表している．さらに $T=3$cm と今求めた曲線の中点を通る曲線を描

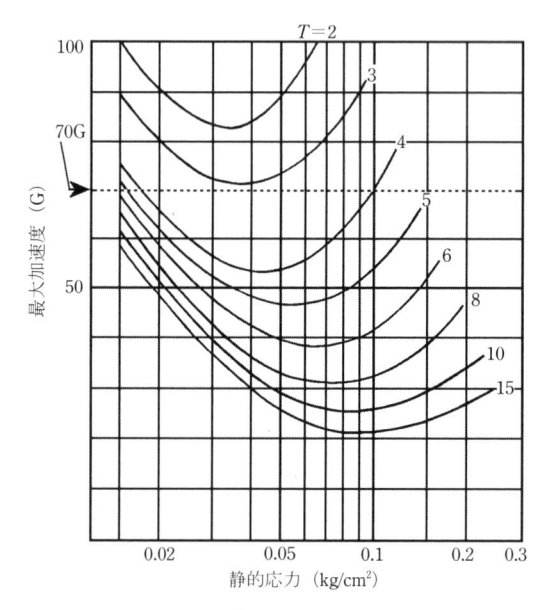

図7.17 データがない時の補間(1)

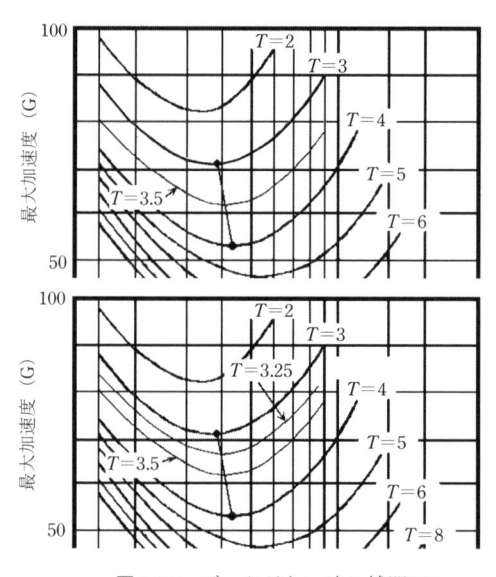

図7.18 データがない時の補間(2)

けば，$T=3.25\mathrm{cm}$ の特性を表すというふうに，任意のデータの特性曲線を作成することが可能である．図 7.18 は，この手順を示したものである．

この方法は静的応力-最大加速度線図のみではなく，静的応力-瞬間最大ひずみ線図にも利用できる．例えば，7.1.10 項の図 7.22 では静的応力-瞬間最大ひずみ線図にこの方法で $T=3\mathrm{cm}$ の曲線を記入して，緩衝計算を行っている．

7.1.9 グラフの使用可能範囲

一般に緩衝特性曲線は，最低点を中心に広い応力範囲について特性を表示されているが，最下点の右側部分については信頼性が低い．緩衝材の特性試験を実施してみると分かることだが，最下点より右側の条件では，緩衝材は限界まで圧縮された状態になっており，データのばらつきが大きいのである．従って，緩衝材の特性グラフを利用する際には，特性曲線の最下点より左側のデータのみを使用するというのが適切である．経験的には，ある程度信頼できる範囲の目安としては，静的応力値が最下点の値より 20%程度大きい値までである．使用可能なデータ範囲のイメージを，図 7.19 に示しておく．

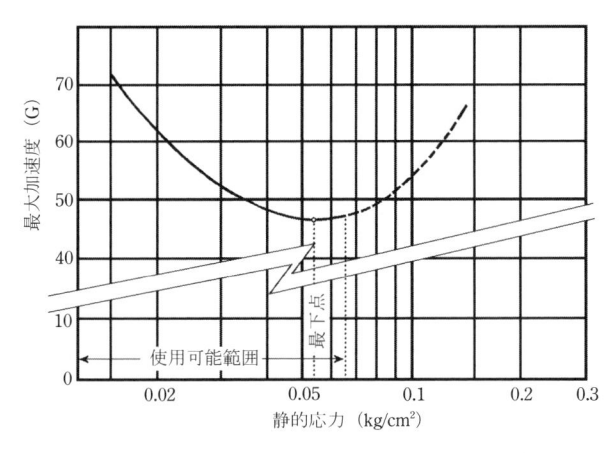

図 7.19 データの使用可能範囲のイメージ

7.1.10 緩衝設計の基本演習

まず最初に，例題を解いてみることにより緩衝計算の基礎手順を覚えよう．

【例題1】

図に示す製品の緩衝設計計算を行え．

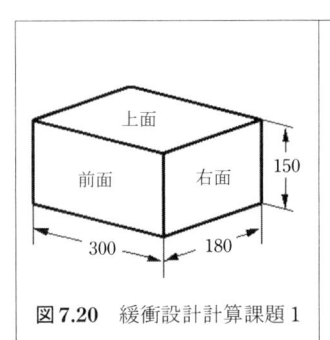

設計条件
- 製品寸法($L \times W \times H$)：$300 \times 180 \times 150$mm
- 製品質量：8.5kg
- 製品の許容G値：65G（6面とも同じ）
- 試験落下高さ：50cm（6面とも同じ）
- 突起部の寸法：底面に高さ10mmの突起があるとする
- 重心位置：各方向とも製品の中心とする

図7.20　緩衝設計計算課題1

【解答】

① 材料決定と特性グラフの準備

まず使用緩衝材を決定する．使用する緩衝材は製品の特性，構成材料，耐衝撃強さ，輸送環境などの種々の条件に合わせて選択する必要があるが，本題では使用緩衝材は25倍発泡のサンテックフォームとした．使用緩衝材の特性として必要なものは，静的応力-最大加速度線図（図7.21）と，静的応力-瞬間最大ひずみ線図（図7.22）の2種類である．今回の例題については，2～5回の平均緩衝特性を利用する．

② 厚さと静的応力の決定

指定された落下高さ50cmのグラフ（図7.21）を用意する．緩衝材の厚さは許容範囲内で，できるだけ薄いほど，材料使用量が減り，包装容積も小さくなる．グラフを見ると，発生加速度が65Gのラインと交差する特性曲線のうち最も厚さが薄いのは$T = 3$cmであることが読み取れる．厚さ（T）が3cmの時発生する最小の衝撃値は，グラフから62Gであることが分かり，この時の静的応力は0.04kg/cm^{2}であることが読み取れる．

$\Rightarrow T$：3cm，静的応力：0.04kg/cm^2
この時の推定発生衝撃値：62G

7.1 緩衝材と緩衝設計

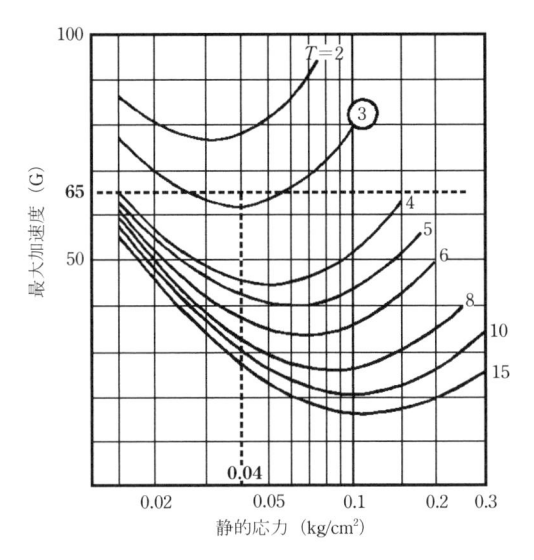

図 7.21 厚さと静的応力読み取り

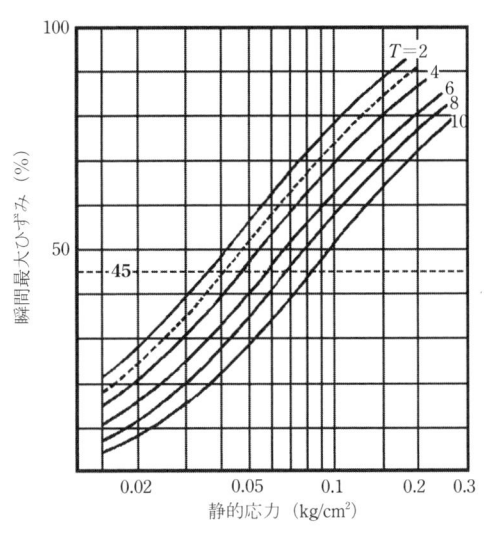

図 7.22 ひずみ量の読み取り

③　ひずみ量の確認

図 7.22 から $T=3$ cm，静的応力：0.04kg/cm^2 の時のひずみは 45% だから，緩衝材の残り厚さは

　　$3×(1-0.45)=1.65$ (cm)

この残り厚さは突起寸法 10mm より大きいから，緩衝材の厚さはこのままで良い．

④　必要受圧面積の算出

緩衝材の必要受圧面積は製品質量を静的応力で割れば求められる．式 (7.1.2) に数値を代入すると次のとおりである．

　　$A=W/\sigma_{st}=8.5/0.04=212.5$ cm^2

> ⇒必要受圧面積：212.5 cm^2

⑤　製品の受圧可能面積確認

製品の各面に必要受圧面積以上の受圧面が確保できるかどうか確認する．製品の各面の面積は

　　上下面：$30×15=450$ (cm^2) >212.5 (cm^2)
　　左右面：$18×15=270$ (cm^2) >212.5 (cm^2)
　　前後面：$30×18=540$ (cm^2) >212.5 (cm^2)

となり，どの面の面積も必要受圧面積を超えているので，このままで十分である．実際の設計では各受圧面の強度を確認する作業が必要である．

⑥　緩衝材の面積配分

受圧可能面積が必要受圧面積より大きい場合，次のステップは，受圧面積をどの部分に配置するかを決定することである．この例題では重心位置は製品の中心だから，緩衝材は左右均等に配置すれば良い．

［面積計算］

　　上下面：$212.5/15/2=7.1$ (cm)
　　　　　　⇒両サイドに $15×7.1$ (cm)
　　左右面：左右面は面積が適正受圧面積より大きいので，適当な寸法の穴をあけて面積を調整する必要がある．あけるべき穴の面積は
　　　　　　　$270-212.5=57.5$ (cm^2)

穴の形は任意の形でよいが，長方形の穴が計算しやすい．

仮に，穴の1辺の長さを8cmとすると 57.5/8＝7.2（cm）

　　　　⇒緩衝材を左右面全面に当て，中央に 8×7.2（cm）の穴をあけると適正面積となる．

　前後面：212.5/18/2＝5.9（cm）

　　　　⇒両サイドに 18×5.9（cm）

以上で各面の計算は完了した．緩衝材を各面に配置した様子を，図7.23に示しておく．

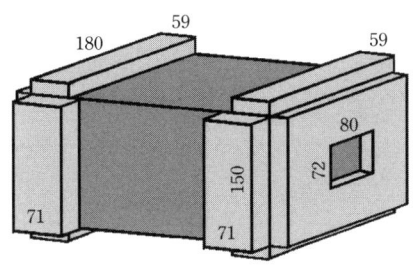

図 7.23 緩衝材の当て方 1

【例題 2】

図に示す製品の緩衝設計計算を行え．

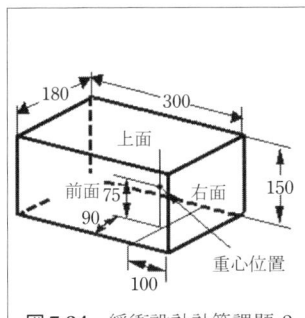

図 7.24 緩衝設計計算課題 2

設計条件
- 製品寸法（$L \times W \times H$）：$300 \times 180 \times 150$ mm
- 製品質量：10kg
- 製品の許容 G 値：50G（6面とも同じ）
- 試験落下高さ：60cm（6面とも同じ）
- 突起部の寸法：底面に高さ 22mm の突起があるとする
- 重心位置：前面から 90mm，底面から 75mm，右面から 100mm

【解答】

① 材料の決定と特性グラフの準備

まず使用する緩衝材を決定する．この例題でも，緩衝材は25倍発泡のサンテックフォームとする．使用する緩衝材の特性図は，静的応力-最大加速度線図（図7.25）と，静的応力-瞬間最大ひずみ線図（図7.26）の2種類である．今回の例題については，第1回落下の緩衝特性を利用することにする．

② 厚さと静的応力の決定

課題で指定された落下高さは60cmなので，指定されたグラフ（図7.25）を見ると，発生加速度が50Gのラインと交差する特性曲線のうち最も厚さが薄いのは$T=4$cmであることが読み取れる．厚さが4cmの時発生する最小の衝撃値は，グラフから44Gであることが分かり，さらにこの時の静的応力は0.06kg/cm^{2}であることが読み取れる．突起が無い面については，緩衝計算は完了した．

⇒T：4cm，静的応力：0.06kg/cm^2
この時の推定発生衝撃値：44G

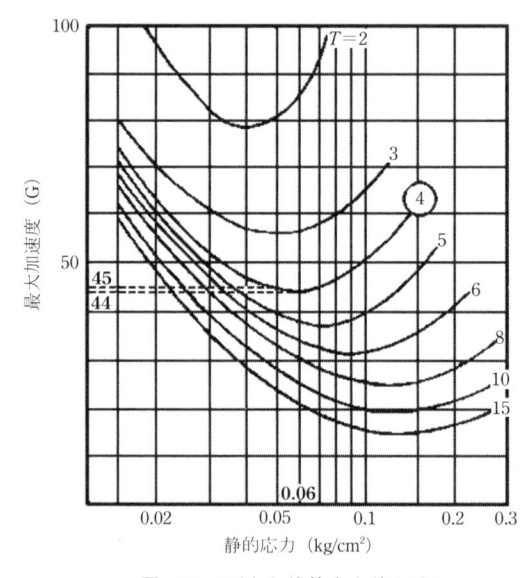

図7.25 厚さと静的応力読み取り

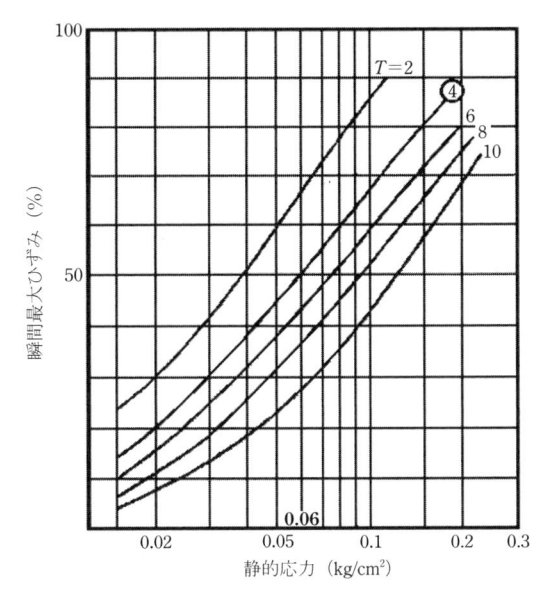

図 7.26 ひずみ量の読み取り

③ 突起がある面のひずみ量の確認

図 7.26 から $T=4\text{cm}$, 静的応力：0.06kg/cm^2 の時のひずみは 50% だから，緩衝材の残り厚さは

$$4\times(1-0.5)=2.0\ (\text{cm})$$

この残り厚さは突起寸法 22mm より小さいから，再度緩衝計算を行う．

④ ひずみ量から適正静的応力算出

突起寸法が 22mm だから，厚さ 4cm の緩衝材での許容ひずみ量は

$$(40-22)/40=0.45$$

より，45% のひずみが限界値である．

$T=4\text{cm}$ の時，45% ひずみが生じる静的応力は，図 7.26 から 0.05kg/cm^2 であることが分かる．再度図 7.25 に戻り，静的応力が 0.05kg/cm^2 の時の発生加速度を求めると 45G であり，許容加速度値 50G より小さいので，この値を採用する．

> ⇒突起のある面(底面) T：4cm，静的応力：0.05kg/cm^2
> 推定発生衝撃値：45G

⑤ 必要受圧面積の算出

式(7.1.2)に数値を代入すると次のとおりである．

突起が無い面：$A=W/\sigma_{st}=10/0.06=167$cm^2

突起がある面：$A=W/\sigma_{st}=10/0.05=200$cm^2

> ⇒必要受圧面積　突起が無い面：167cm^2
> 　　　　　　　　突起がある面：200cm^2

⑥ 製品の受圧面積確認

製品の各面に必要受圧面積以上の受圧面が確保できるかどうか確認を行う．
製品の各面の面積は

　　上下面：$30\times18=540$（cm^2）＞200（cm^2）

　　前後面：$30\times15=450$（cm^2）＞200（cm^2）

　　左右面：$18\times15=270$（cm^2）＞200（cm^2）

で，どの面の面積も必要受圧面積を超えているので，このままで十分である．

⑦ 緩衝材の面積配分

重心位置が中心にないので，面積比が重心からの距離と反比例の関係になるよう，重心側の受圧面積を広く，反対側を狭く調整する．

［面積計算］

　　上　面：右側　$167\times2/3=111.3$（cm^2），$111.3/18=6.2$（cm）

　　　　　　左側　$167\times1/3=55.7$（cm^2），$55.7/18=3.1$（cm）

　　　　　　⇒右側の寸法は18×6.2cm，左側の寸法は18×3.1cm

　　下　面：右側　$200\times2/3=133.3$（cm^2），$133.3/18=7.4$（cm）

　　　　　　左側　$200\times1/3=66.7$（cm^2），$66.7/18=3.7$（cm）

　　　　　　⇒右側の寸法は18×7.4cm，左側の寸法は18×3.7cm

　　左右面：例題1と同様の計算を行う．穴の1辺の長さを12cmとすると

　　　　　　　$270-167=103$（cm^2），$103/12=8.6$（cm）

　　　　　　⇒全面緩衝とし，中央に12×8.6cmの穴をあける．

前後面：右側　　$167 \times 2/3 = 111.3$（cm²），$111.3/15 = 7.4$（cm）

　　　　左側　　$167 \times 1/3 = 55.7$（cm²），$55.7/15 = 3.7$（cm）

　　⇒右側は 15×7.4 cm，左側は 15×3.7 cm

以上で各面の計算は完了した．

緩衝材を各面に配置した様子を，図 7.27 に示しておく．

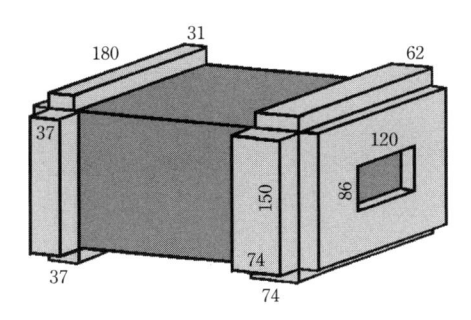

図 7.27　緩衝材の当て方 2

7.2　振動への配慮

緩衝材の役割は，荷扱い時の落下などによって生じる衝撃の吸収だけではない．輸送中の荷台振動によって製品異常が生じることを防止することも，緩衝材の役割である．

包装品を質量-バネ系としてモデル化すると，図 7.28 のように表すことが

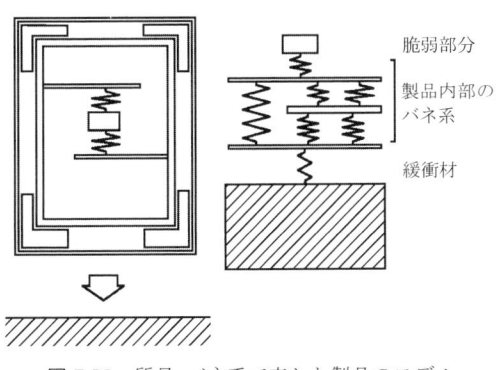

図 7.28　質量-バネ系で表した製品のモデル
　　　　（図 5.1 再掲）

できる.

質量-バネ系は固有振動数が存在するから,固有振動数と輸送中の荷台振動が一致したときに共振現象を生じる.従って,包装の固有振動数は,輸送機関の荷台振動と一致しないような条件に設定する必要がある.

図 7.29 は,静的応力 (σ) ごとの周波数（振動数）と振動伝達率の関係を表したグラフであるが,静的応力の設定により共振周波数は大きく変化し,伝達率も異なった値を示すことが分かる.また,図 7.30 は,緩衝材の厚さ (T) をパラメータとして,静的応力と固有振動数の関係を表したものだが,緩衝材の厚さを変えることにより,固有振動数を変えられることが分かる.この 2 つの事実を利用して,緩衝材の厚さと静的応力を調整し,包装品としての固有振動数が荷台振動のピーク値と一致しないように設計することにより,輸送機関の荷台振動によって包装品がダメージを受けるのを防止することが可能である.

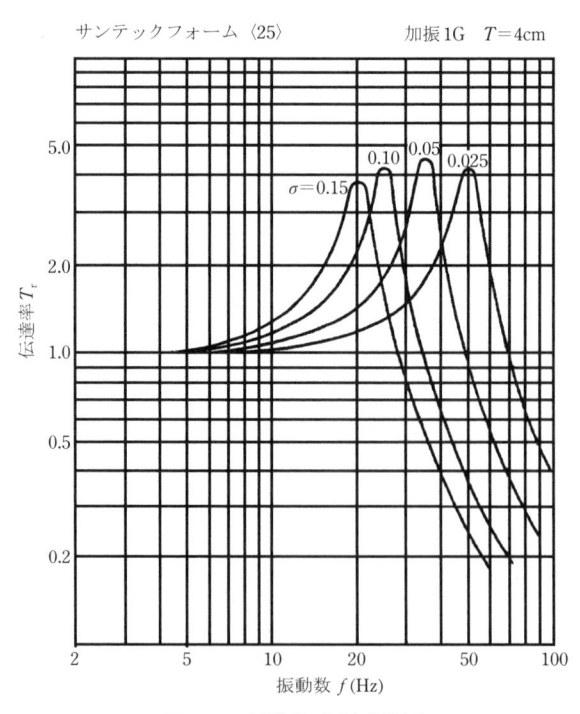

図 7.29 振動数-伝達率線図

包装の固有振動数を調整する作業は，緩衝設計計算の終了時点で実施し，求めた緩衝設計条件のままで振動に対して問題が生じないか否かを判断し，問題がなければ緩衝設計は終了となるが，振動で問題があるようであれば，再度緩衝計算をやり直して，振動に対しても十分な保護性を備えた緩衝材を設計する必要がある．

振動特性グラフは表示されていない緩衝材も多く，自分で測定するしかない場合も多い．緩衝材の特性の測定方法はいろいろな参考資料に記載されているので，メーカーデータが発表されていない材料については，日頃からデータ収集に努めておくことが必要である．

以上記載したとおり，緩衝設計の際には，衝撃に対する保護性だけでなく，振動特性にも注意を払う必要があり，適正包装を開発するためには，これらの条件総てに配慮して推進することが望まれる．

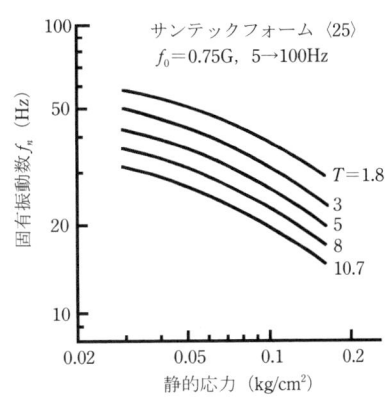

図7.30 厚さと固有振動数の関係

7.3 外装箱と外装設計

本章は緩衝設計に関する資料としてまとめたものであり，外装容器に関することは，基本的には本書の内容には直接関係しない項目であるが，段ボール箱の一部の特性が緩衝設計に関わってくるので，その内容について説明しておこう．

(1) 緩衝材と外装箱のクリアランス

製造ラインでは，製品に緩衝材を当てて外装箱の内部に収納するのだが，収納作業の容易化のため，緩衝材の外形寸法よりも箱の内寸法を大きく設定するのが基本である．この余裕分をクリアランスと呼んでいるが，包装ラインの緩衝材を箱に挿入するところが，自動化されているか否かによって，ク

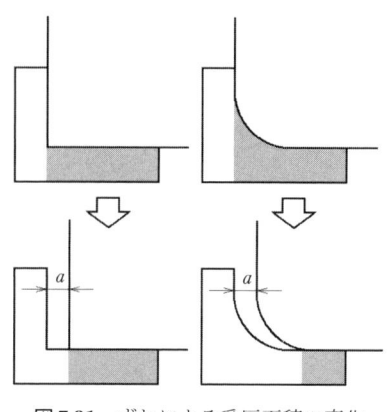

図7.31 ずれによる受圧面積の変化
（図7.10再掲）

リアランスの必要寸法が異なったものとなる．

ところがこの余裕寸法は，緩衝機能の面から見ると，非常に具合が悪いものなのである．緩衝材と外装箱の間にクリアランスがあると，製品と緩衝材の位置がずれて，図7.10で説明したとおり，接触面積が変化してしまうという状況が発生しやすい．このような状況下では，せっかくの緩衝設計の効果が正しく発揮されないことになる．外装箱設計を行う際にはこの点に注意して，緩衝材と外装箱の間のクリアランスを可能な限り小さくなるように設計する必要がある．

(2) 外装箱の緩衝効果

段ボールは緩衝材としても利用されていることから明らかなように，材料自身が緩衝性を備えている．通常外装箱に使用されている両面段ボールの厚さは約5mmで，緩衝材の厚さと比較すると薄いので緩衝効果は無視されることが多いのだが，実際に発生する加速度を比較してみると，わずかではあるが緩衝効果のあることが判明する．

衝撃吸収効果のレベルはあまり大きくないが，加速度レベルを5～10%程度低下させることが認められるので，限界設計を行う場合には段ボール箱の緩衝性も考慮して緩衝設計を行うと，包装費のコストダウンと包装寸法低減の効果が期待できる．

参 考 文 献

1) 長谷川淳英：緩衝包装設計と包装貨物試験，日刊工業新聞社(2007)

8章　包装貨物試験

8.1　包装貨物試験の種類

　包装品が流通段階で受ける物理的な障害要素としては，荷扱い時の落下衝撃や輸送中の振動などの動的要素，倉庫保管時の圧縮荷重などの静的要素，温湿度変化などの環境変化要素の3種類がある．包装貨物試験では，これらの外的障害要素を単独で，あるいは組み合わせて包装に加え，その保護機能が，必要なレベルにあるか否かの確認を行う．

　図 8.1 は，包装品が受ける外力の大きさ，および製品の強さと，包装の保護性の関係を示したものである．製品はそれ自身の強さを持っており，また，物流過程が決まると，包装品が受ける外力の大きさも決まる．

　包装の保護性のレベルは，外力の大きさと，製品の強さの差を補い，かつ安全余裕が最小限になるように，設定する必要がある．

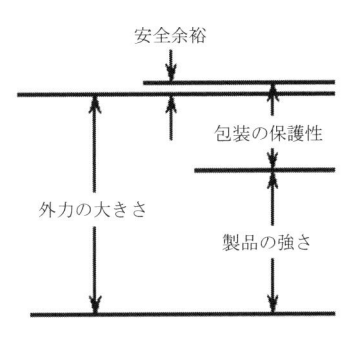

図 8.1　外力と製品，包装の関係

　包装が流通過程で受ける外力の種類とその大きさを調査し，さらに，製品の強さを把握するのも包装の仕事である．

　包装貨物試験の項目選定と試験条件決定に関しては，対象となる包装貨物が物流過程で受ける可能性のある総ての障害条件をカバーするように決定する必要があり，試験レベルも物流過程で遭遇する可能性のある障害のレベルと対応していなければならない．

　一般に，製品が物流過程で受ける外力の要素とレベルは，製品の種類によって，実際に輸送されるルート，輸送機関の種類などが異なるため，それ

それ異なったものとなっている．従って，包装貨物試験の内容も，製品の種類，輸送経路や輸送機関などのシステム条件に合わせて，最適なものを選択する必要がある．

包装貨物試験の条件は，製品の特性により異なった要素を含むため，各メーカーが独自に規定している場合が多い．日本では統一規格として日本工業規格（JIS）があり，標準的な試験規格を規定している．JISは諸外国の規格，特にISOと整合性をとりながら，日本国内の輸送環境に適合した内容になるよう考慮して規定が定められている．包装貨物試験を行うには，それぞれの貨物の特性を考慮し，輸送条件に対応した試験項目とレベルを選定して実施する必要がある．

JISで規定されている包装貨物試験に関連する規格を，表8.1に示しておく．

表8.1　包装貨物試験の関連規格

規格番号	規格の名称	備　考
Z 0108 : 2005	包装用語	
Z 0119 : 2002	包装設計のための製品衝撃強さ試験方法	ISO準拠
Z 0150 : 2001	包装―包装貨物の荷扱い指示マーク	ISO準拠
Z 0152 : 1996	包装物品の取り扱い注意マーク	日本固有の規格
Z 0170 : 1998	ユニットロード―安定性試験方法	ISOの翻訳版
Z 0200 : 1999	包装貨物―評価試験方法通則	ISO準拠
Z 0201 : 1989	試験容器の記号表示方法	
Z 0202 : 1994	包装貨物―落下試験方法	ISO準拠
Z 0203 : 2000	包装貨物―試験の前処置	ISOの翻訳版
Z 0205 : 1998	包装貨物―水平衝撃試験方法	ISO準拠
Z 0212 : 1998	包装貨物及び容器の圧縮試験方法	ISO準拠
Z 0215 : 1996	ミシン縫いクラフト紙袋の縫い目強さ試験方法	
Z 0216 : 1991	包装貨物および容器の散水試験方法	
Z 0217 : 1998	クラフト紙袋―落下試験方法	ISO準拠
Z 0222 : 1959	防湿包装容器の透湿度試験方法	
Z 0232 : 2004	包装貨物―振動試験方法	ISO準拠

8.1 包装貨物試験の種類

JIS の名称は以下のように表示されることになっている．このうち4項目の数値は，制定または見直し年度を表している．JIS の改訂は基本的には5年ごとであるが，社会環境の変化や技術進歩への対応，国際規格との整合化などのため，不定期に見直しが行われ，新設，改廃がなされているので，常に最新の規格を入手しておく必要がある．

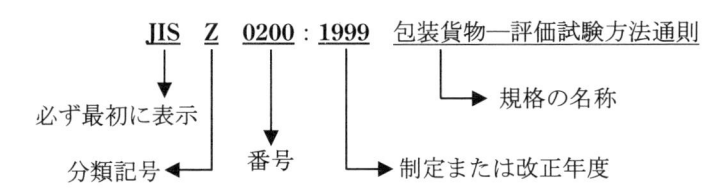

<u>JIS</u>　<u>Z</u>　<u>0200</u>：<u>1999</u>　包装貨物—評価試験方法通則

- 必ず最初に表示 → JIS
- 規格の名称 → 包装貨物—評価試験方法通則
- 分類記号 ← Z
- 番号 → 0200
- 制定または改正年度 → 1999

また JIS は一般に本体と解説で構成されており，規格内容によってはこの他に附属書が追加されていることがある．本体と附属書は JIS 規定の本文であり，解説は JIS 規定の本文ではない．縮刷版である JIS ハンドブックには解説が添付されておらず，このハンドブックだけで JIS の内容を判断すると，JIS の内容を正しく理解できないおそれがある．また解説には，規格制定の趣旨や制定経過，規格本文の技術解説なども記載されているため，必要な JIS については，独立した JIS を入手して確認することを怠ってはならない．

実際の包装関係の現場では，表 8.1 以外にも，JIS には規定されていない包装貨物試験が，包装品の保護性確認のため実施されている（表 8.2）．これらの試験は製品や物流条件の特殊性に対応するため考えられた試験であり，製品仕様や物流環境が大幅に変化すれば，不要となる可能性はある．

輸出の場合は更に，輸出先の国の包装貨物試験規格に適合した包装仕様であることが要求される．諸外国の規定としては，ISO，ASTM，DIN 他，様々な規格があり，それぞれの規格ごとに試験手順の決定方法，試験方法，条件レベルの設定条件などが異なっている．外国の試験規格は入手困難なものも多く，また，米国のように，同一国内であっても多数の規格が存在しており，複数の規格に対応が必要になる場合がある．さらに，外国の規格は，日本の規格と異なった思想で設定されている場合も多いので，自社に関連しそうな外国規格は，普段から調査を行っておく必要がある．

なお，ISO は国際標準化規格として推奨されているため，各国の規格は

表8.2 JISに規定されていない包装貨物試験

試験の名称	試験の内容
打痕試験	重錘を包装の側面方向に衝突させ，製品打痕に対する包装の保護性を確認する．
踏み付け試験	足型を置いて荷重を加えるか実際に人が乗って，踏み付けに対する保護性を確認する．
転がし試験	転がし荷役に対する保護性を確認する．
転倒試験	背の高い商品の場合，包装品を転倒させてみて，保護性を確認する．
引きずり試験	PPバンドや取っ手を持って引きずり荷役を行い，保護性を確認する．
激動試験	専用試験機で鉄道輸送中のレール継目の衝撃を再現し，保護性を確認する．最近では実施されることは少なくなった．
振動試験	専用試験機で船の揺れによる包装品の移動と衝突を再現し，保護性を確認する．
実走行試験	試験品をトラックに積み，実際の道路を走行して保護性の確認を行う．

ISOに合致するよう，改訂されつつある．また，この規格見直しには，貿易相手国からJISが非関税障壁であると非難されないための対応策という意味もある．日本でも，JIS規格のかなりの部分が，ISOとの互換性を保つように改訂されているが，ISOが欧州の国々の主導によって設定されたものであるため，日本の気候，風土，慣習にそぐわない点が多々あり，日本国内向け規格としては問題がある点も多い．例えば，以前のJISで規定していた標準温湿度は20℃，65%RHであるが，ISOでは23℃，50%を標準温湿度としており，高温多湿の日本の環境とは適合しないなどの問題がある．

ただし，輸出入に係わるメーカーの場合は，ISOに準拠することで，（米国を除く）すべての国の規格に対応したことになる可能性が大きいため，都合がよいのも事実である．包装貨物試験を規定した諸外国の主な規格の名称を表8.3に記載しておく．

8.2 試験法の決定プロセス

実際に包装貨物試験を行う場合，多くの企業では自社の試験規格が制定されており，その規格に準拠して試験を行うことにより，包装の保護性を確認

表 8.3 諸外国の規格名称

制定機関または国	規格名	規格名または制定機関の正式名称
国際標準化機構	ISO	International Organization for Standardization
アメリカ材料試験協会	ASTM	American Society for Testing and Material
米　軍	MIL	Military Specification and Standards
米　国	ISTA	International Safe Transit Association
米紙パ協会	TAPPI	Technical Association of the Pulp & Paper Industry
米プラ協会	SPI	The Society of the Plastic Industry
カ ナ ダ	CAN	Standards Council of Canada
イギリス規格協会	BS	British Standard
ドイツ連邦規格	DIN	Deutches Institut fur Normung
フランス	NF	Normes Francaise
ロ シ ア	GOST	USSR State Standards
デンマーク	DS	Danish Standards
オランダ	NEN	Nederlands Normalisatie-institut
オーストラリア	AS	Australian Standards
イ ン ド	IS	Indian Standards Institution
韓　国	KS	Korean Standards
中　国	国家標準	国家標準総局

することが可能であるが，自社規格を作成していない企業が新たに規格を制定する場合など，試験条件を設定する必要が生じた場合の考え方について説明しておこう．

このような場合に参考となる資料として，JIS Z 0200の附属書 1 と 2 がある．この附属書は ISO 4180 をそのまま翻訳したもので，包装貨物試験の計画作成に関わる内容を整理してリスト化したものである．詳細内容は当該 JIS を参照頂くとして，ここでは概要を紹介する．

(1) 試験方法としては単独試験と組み合わせ試験がある．
(2) 組み合わせ試験の内容および試験条件は，実際の流通システムのハザードの状況によって調整する．

(3) 組み合わせ試験を行う場合の試験順序は，以下の順序（表 8.4）を基本とする．

表 8.4　組み合わせ試験の試験順序（JIS Z 0200 の附属書 2）

番号	項目	関連規格	注記
1	前処置	ISO 2233	
2	積み重ね試験	ISO 2234	出荷元での倉庫保管を想定
3	共振試験		過去の経験で共振による損傷がない場合，この項目は実施しない
4	衝撃試験	JIS Z 0202 & JIS Z 0205	
5	気候的処置	JIS Z 0216	現在，散水試験のみ規定あり 上記以外の規格については未定
6	振動試験	ISO 2247	
7	積み重ね試験	ISO 2234	流通倉庫での保管を想定
8	衝撃試験	JIS Z 0202 & JIS Z 0205	

(4) 物流過程で明確なハザードが存在しない試験はこれを省略することができる．
(5) 他の要素が必要な場合は，物流環境に合わせて導入すること．
(6) 許容できる損傷の程度については，以下の因子を考慮して決定する．
　・内容品の価格，　・内容品の個数，　・輸送する貨物の個数
　・流通コスト，　・内容品の危険の程度

　試験方法の定量化すべき要素としては，表 8.5 のように規定されており，基本的な試験条件は，表 8.6 のとおり規定されている．
　自社の物流環境の中で生じるハザードを整理し，その結果とこの規格の指示内容を比較検討の上，包装貨物試験の種類や項目を整理して規格化すれば，自社試験規格を作成することが可能である．ただし，試験規格作成にはいろいろなノウハウが求められるので，全くの初心者が規格を作成するのは不可能である．経験者の判断を参考にしながら，規格の内容を決定する必要がある．

表 8.5 試験方法と定量化要素（JIS Z 0200 の附属書 2 表 1）

試験方法	関連規格	定量化が必要な要素
落下試験	JIS Z 0202	落下高さ，貨物の姿勢，大気温湿度，供試品数，衝撃回数
前処置	JIS Z 0203	温度，相対湿度，時間，予備乾燥条件（実施する場合）
水平衝撃試験	JIS Z 0205	水平速度，貨物の姿勢，大気温湿度，衝突面の条件，供試品数
圧縮試験	JIS Z 0212	最大荷重，貨物の姿勢，大気温湿度，上圧縮盤の構造（回転自由か固定か），供試品数
圧縮試験機による積み重ね試験		適用荷重，負荷時間，貨物の姿勢，大気温湿度，供試品数
散水試験	JIS Z 0216	噴霧下の試験時間，貨物の姿勢，供試品数
振動試験	ISO 2247	加振時間，貨物の姿勢，大気温湿度，負荷荷重，供試品数
積み重ね試験	ISO 2234	荷重，積み重ね期間，貨物の姿勢，大気温湿度，供試品数
低圧試験	ISO 2783	圧力，減圧下の試験時間，室内温度，供試品数
転がし試験	ISO 2876	大気温湿度，供試品数

表 8.6 基本的試験条件（JIS Z 0200 の附属書 2 表 2 の一部を抜粋）

試験方法	変数	単位	輸送形態				保管	
			貨物自動車		鉄道車両			
			基本数値	範囲	基本数値	範囲	基本数値	範囲
振動	加振時間	分	20	10〜60	20	10〜60		
	積み重ね高さ	m	2.50	1.50〜3.50	2.50	1.50〜3.50		
積み重ね	期間	表示	1日	1日〜1週間	1日	1日〜1週間	短期：1日 長期：1週間	1日〜4週間
	高さ	m	2.50	1.50〜3.50	2.50	1.50〜3.50		1.50〜7.00
水平衝撃	速度	m/s	1.5	1.5〜2.7	1.8	1.3〜5.0		
垂直衝撃	落下高さ	mm	500	100〜1,200	500	100〜1,200		

8.3 試　験　規　格

8.3.1　前　処　置
(1) JIS

　包装貨物試験に先立って，包装貨物を一定の温湿度の環境下に放置し，試験品の温度と湿度が所定の条件になるよう処置することを前処置といい，JIS Z 0203（包装貨物―試験の前処置）で規定されている．以前は前処置のことを，「調質」または「調湿」と呼んでいたため，現在でもこの言葉の方が通りがよい場合がある．

　包装貨物試験は，JIS の規定通りの前処置を行った後試験を行う場合と，前処置を行わずその時々の環境（温湿度）条件のもとで行う場合があり，後者の場合を一般に，常温試験と呼んでいる．

　包装貨物試験の種類によっては，前処置の方法および実施の有無で大きく結果が異なる．プラスチック緩衝材を使用した包装品の落下試験や振動試験は，前処置の影響を比較的受けにくいが，パルプ系緩衝材を使用した包装品の落下試験や振動試験，および，包装貨物の圧縮試験は，前処置実施の有無や前処置の条件により，大きく結果が異なったものになるのが普通である．

　原則として，JIS に規定された包装貨物試験は，一部の試験を除き前処置実施後に試験を行うよう定められている．前処置の内容は，大半の試験規格で，試験の目的に合致するように行うと規定されている．

　JIS Z 0203（包装貨物―試験の前処置）は 2000 年に ISO 2233 との整合性がと

表8.7　前処置の温湿度条件

温湿度条件	温度 ℃	温度 K	相対湿度 (%)	温湿度条件	温度 ℃	温度 K	相対湿度 (%)
A	-55	218	―	G	$+23$	296	50
B	-35	238	―	H	$+27$	300	65
C	-18	255	―	J	$+30$	303	90
D	$+5$	278	85	K	$+40$	313	―
E	$+20$	293	65	L	$+40$	313	90
F	$+20$	293	90	M	$+55$	328	30

れるよう改訂された．この規格で規定されている前処置の温湿度条件は表8.7に示すとおりである．

表8.7の温湿度条件Eは改訂前のJISの標準状態であり，同表のGは板紙の試験規格の前処置条件と同じものである．包装貨物試験の前処置は，必要に応じて適当な条件を選択してよいことになっているので，温湿度条件としてEを採用できれば，従来と同じでよいのだが，包装に段ボールが多用されていることから，包装貨物試験，特に包装貨物と容器の圧縮強さ試験では，板紙の標準状態を採用せざるを得ず，高温多湿の影響が大きい日本の国情とは一致しないという状況が生じている．

なお，前処置の温湿度の精度は，温度については湿度制御を行わない一部条件の場合を除き±2℃，湿度は±5%と規定されている．

前処置は，試料全体が設定した温湿度になるまでの時間放置しておくことが必要で，段ボール箱を上下端とも解放状態にして温湿度環境下に放置した場合で16時間以上，包装状態では24時間以上が必要である．

なお，従来のデータと数値比較を行う際は，従来のデータを測定したときの前処置条件に注意すること．特に素材の基本特性などを調査した従来のデータの中には，旧JISの標準状態（20℃，65%RH）で計測を行ったものが存在する可能性があるため，そのままで比較すると全く整合性のとれない結果となる場合がある．

(2) 特殊な前処置条件

プラスチック製の構造体は，温度が高い場合は軟化して強度が低下し，温度が低い場合は脆性が低下してもろくなる．また温度が低い場合は，テープやラベルなどに使われている接着剤の接着力が低下する傾向がある．さらに，温度が繰り返し変動し変動幅が大きい場合など，製品に使用されている部材の膨張率の差の影響で，部材間のずれや，シールラベルの浮き上がりなどの異常が発生する場合もある．従って，包装貨物試験でも，高温や低温条件下で試験を行って，これらの影響を確認することが必要になる場合がある．

ロシアやノルウェーなど北極圏の国々，国内でも冬季の北海道では，包装貨物は非常な低温にさらされる場合がある．このような環境下で荷扱い中に衝撃を受けると，カラーテレビやルームエアコンのように，外枠がプラ

チックで構成されている製品では，外枠が欠けたり，白化を生じたりして商品価値を損なう場合がある．このため，低温下における包装の保護性確認のために，-10℃とか-20℃で前処置を行った後，落下試験を行うことがある．

逆に夏期に倉庫内で保管していたプラスチック製品が，高温のため軟化して変形異常を生じたという例もあり，50℃程度の環境下で前処置を行った後，包装品の保管試験を行う場合もある．

これらの例は特殊な例ではあるが，対象となる商品の特性をよく把握して，適切な前処置を行った後，物流実態に即応した試験を行うことが重要である．

8.3.2 落下試験

(1) 落下試験について

輸送中に貨物が受ける動的な外力には振動と衝撃があるが，衝撃的外力の大部分は，荷扱い作業中の落下や衝突によって生じるもので，輸送機関が原因で生じるものは少なく，また，生じる場合も衝撃レベルは小さい．つまり衝撃の大半は，人的要因によって生じるといえる．そのため貨物の質量によって衝撃を受ける確率も大きく異なり，軽量（$5\sim10$kg）の貨物に高いレベルの衝撃が発生しやすい傾向がある．また，包装寸法や縦横比，包装貨物の重心位置の違いによっても，落下方向，落下の生じ方，衝撃の大きさなどは異なったものとなる．

外力の種類による製品への影響の程度を比較すると，落下による破損が最も影響が大きく発生頻度も多い．従って，包装貨物試験のなかで最も重要視されているのが，落下試験である．従来は落下試験のみで包装貨物試験を代表させ，他の包装貨物試験を行わない場合も多かったが，包装品の事故が落下衝撃以外の要因で生じる場合も多く，この試験で包装貨物試験の総てを代表させてはならない．

一般の包装貨物の落下試験に関連する規格は，JIS Z 0200（包装貨物―評価試験方法通則）と JIS Z 0202（包装貨物―落下試験方法），JIS Z 0201（試験容器の記号表示方法）の3種類である．Z 0200 では落下方法と落下高さ，および落下順序と落下回数が規定されており，Z 0202 では使用する試験装置の条件

が規定されている．また，Z 0201 では落下部位の記号表示方法が規定されている．Z 0202 の方法 B によって包装品に衝撃を加える場合には，Z 0119（包装設計のための製品衝撃強さ試験方法）に規定されている試験装置が必要である．

(2) 落下試験装置

対象貨物が小形の場合は，図 8.2 に示す包装貨物落下試験装置を利用することが多い．包装貨物落下試験装置は試験貨物を載置したテーブルを，バネの力で急激に下方に移動させることにより，試験貨物を落下させる装置である．ただし，テーブルが支点を中心に円弧状に運動するため，大きさの割に軽量の貨物の試験を行う場合，試験品が落下テーブルの動きに追随するため落下姿勢が傾く場合がある．また，テーブルが円弧を描いて運動するため，落下基礎の上部に円弧の半径分の高さ空間が必要であり，あまり低い位置からの落下を再現することはできないことも，不具合点の１つである．

包装貨物落下試験装置を使用すると，対稜，対角落下の姿勢決定が容易にできるため，試験時間が短くて済むので，多くの場所で試験に使用されている．最近は，テーブルが鉛直下方へ移動しながら，後ろ方向に移動する構造

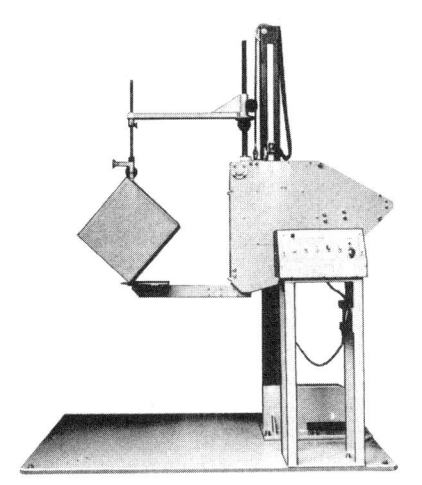

図 8.2 包装貨物落下試験機
（神栄テクノロジー㈱カタログ）

図 8.3 新型落下試験機
（神栄テクノロジー㈱カタログ）

とし，落下姿勢の安定性を向上させた試験装置が開発され，実用に供されている（図 8.3）．

比較的大形の貨物については，図 8.4 に示すようなフックを用いて貨物を吊り下げ，ソレノイドなどの電磁式機構でフックから貨物を切り離して落下させる方式の，いわゆるフック式落下試験装置が使用されている．この方法では，落下姿勢の正確な設定は非常に難しい．

旧い JIS では，ロープを引っ張るとフックが機械的に外れるようになった機構が記載され，実際に使用されていたが，この機構は更に落下時の姿勢安定性が悪いため，今ではほとんど使われることはなくなったようである．

落下試験では，試験貨物が落下衝突する基礎の条件が適切でないと，試験の意味が無い．落下試験基礎の条件としては，基礎の質量が試験品質量の 50 倍以上で，共振が生じないように堅固に造られている必要がある．一般にはコンクリート製基礎，または厚さ 3cm 以上の鉄板を床に接着した基礎が採用されている．

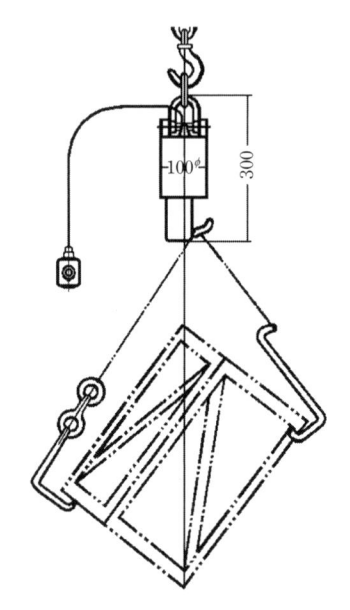

図 8.4 落下試験用フック

1994 年の JIS 改訂時に，衝撃試験装置を使用した包装貨物の落下試験が導入された．衝撃試験装置の外観は図 8.5 に示したものであるが，元々，製品の耐衝撃強さ測定のための試験装置として開発されたもので，JIS Z 0119「包装設計のための製品衝撃強さ試験方法」に規定されている．

落下テーブル上に試験品を載置し，パルス幅の短い（3ms 以下）半正弦波を落下テーブルに加えることにより，自由落下と等価な包装貨物落下の再現が可能である．

この装置を用いて試験を行うと，再現性が良好で，しかも適当な治具を使用することにより，任意の角度の稜や角落下試験を簡単に行うことができる．

図 8.5 衝撃試験装置
(神栄テクノロジー㈱カタログ)

将来は，この装置を用いた落下試験が主流になるものと思われる．

ただし，自由落下試験法で稜落下などの試験を行うと，衝突後包装品が転倒して床面に衝突し，2次破損を生じることがあるが，この試験装置を利用すると，テーブルが上下方向に動いている間に，包装品と衝突することになるため，自由落下とは異なった現象となる場合があることに注意が必要である．

(3) 落下試験方法

落下試験は荷役中の貨物の落下を再現するための試験である．従って，実際の荷役中に包装貨物が受ける衝撃を再現できるような方法で，試験を行う必要がある．

落下試験の方法には，貨物全体を完全に空中に浮かせてから落下させる方式（自由落下）と，貨物の一端を支持台の上に載せ，他端を落下させる方式（片支持落下），および，衝撃試験装置を使用して行う方法の3種類が規定されている．このうち衝撃試験装置を使用する方法は，1994年の改訂で初めてJISに取り入れられたものだが，任意の角度の落下条件を設定することが

可能でしかも再現性が良いため，最近この方法を採用する企業が増加している．ただし，衝撃試験装置を使用する方法は，現時点ではまだ参考試験として取り扱われている．

あまり大きくない試験品の場合は，衝撃試験装置を用いるか，自由落下試験を行うが，大形の貨物については片支持落下試験が実施される．片支持落下試験は片支持稜落下試験と片支持角落下試験の2種類があるが，JISでは片支持稜落下試験のみを規定している．片支持稜落下試験の方法を図8.6に示しておく．

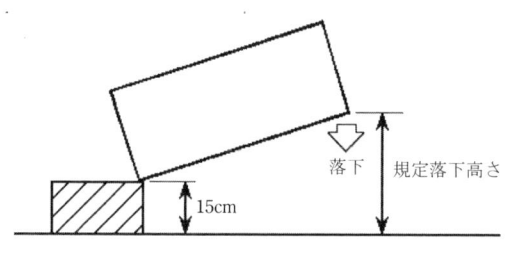

図8.6　JIS片支持稜落下試験

通常の落下試験は，面落下，角落下，稜落下の3種類に分けられる．各々の名称は，落下時の衝突部位を表している．包装貨物の落下衝突部位はJIS Z 0201（試験容器の記号表示方法）の面，稜，角の表記方法（図8.7）に従い，面3方向の落下，2―5稜落下，2―3―5角の落下などと表されるが，面落下や稜落下については更にその前に落下部位そのものの名称を付けて呼ぶことが多い．例えば，面1方向の落下は天面落下，2―3稜落下は前底稜落下

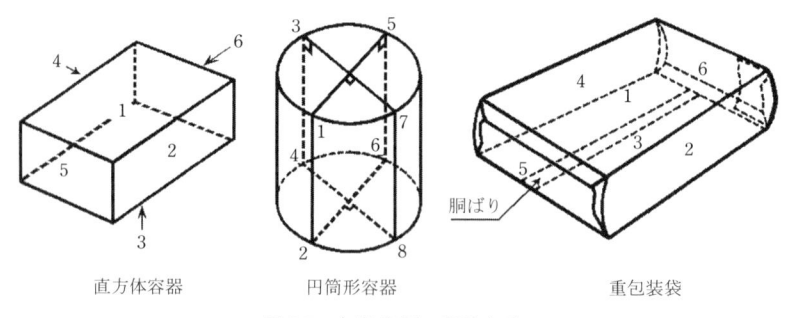

図8.7　包装容器の記号表示

などと呼ばれる．

　稜落下，角落下試験を行う場合，一般に採用されている方法は，対稜落下，対角落下と呼ばれる方法である．対稜落下とは落下稜と対角線の位置にある稜（例えば2—3稜落下では1—4稜）が，落下稜の鉛直上方に位置するように支持して落下させる方法である．この方法では落下姿勢の規定が明確であり，試験者による差が生じにくい．対角落下についても対稜落下と同様に，落下角から最も遠い位置にある角（例えば2—3—5角落下では1—4—6角）が，鉛直上方に位置するように支持して落下させるわけである．

　このほかに稜，角落下試験の方法として，落下稜または角と貨物の重心が鉛直線上に位置するように支持して落下させる方法も採用されることが多い．この方法は，貨物に対するダメージが最も大きいので，最悪条件の確認には適している．この方法で試験を行う場合，ベテランの試験者が行うと試験品が落下した後，一旦静止してからゆっくり倒れるという状態が見られる．

　最近では，稜，角落下試験の方法として，実際の荷扱い時に起きる稜，角落下と同じ条件を再現するため，適当な角度を設定して試験を行う場合が増加している．実際の輸送中の荷扱い実態を調査すると，対稜，対角落下が生じることはほとんど無く，30°以下の稜，角落下が大半を占めていることに対応したもので，今後増加する可能性が大きいが，落下姿勢の制御が面倒で，試験時間が長くかかるという欠点がある．ただし，衝撃試験装置を利用すると，任意角度の試験を容易に短時間で行えるので，今後衝撃試験装置の利用が拡大すれば，任意角度の落下試験も増大すると思われる．

　面落下と稜落下試験では，落下方向に直角な面に平行な（つまり水平の）面，または稜が存在することになるが，この面，または稜の水平度が狂っていると，内容品に加わる衝撃の大きさが極端に低下するので，試験の意味が無いことになる．JISでは，面または稜の水平度は2°以内と規定されている．実際に試験を行って確認してみると，2°の角度誤差の影響はかなり大きく，発生衝撃値の誤差が20％程度になることも珍しくない．著者は，水平レベルの設定については，1°以内の誤差に納めるべきだと考えている．

(4) 試験落下高さ，落下方向と落下順序
(a) 落下高さ

　落下試験の試験落下高さとは，包装貨物と落下試験基礎の間の最短距離のことである．先に述べたとおり，荷扱い時の落下高さは貨物の重量，寸法，重心位置，製品の縦横比，包装形態などによって異なるため，各メーカーでは自社製品の特性に合わせて，各社独自に試験条件を定めている場合が多い．JIS Z 0200 では物流レベルを4段階に区分し，各々の段階ごとに包装貨物の重量によって行うべき試験落下高さを決めている．

　4段階の物流レベル区分の内容は，以下に示すとおりである．

レベルⅠ	転送積み替え回数が多く，非常に大きな外力が加わるおそれがある場合．
レベルⅡ	転送積み替え回数が多く，比較的大きな外力が加わるおそれがある場合．
レベルⅢ	転送積み替え回数及び加わる外力の大きさが，通常想定される程度の場合．
レベルⅣ	転送積み替え回数が少なく，大きな外力が加わるおそれがない場合．

　JIS 規定の落下高さを表 8.8 と表 8.9 および図 8.8 に示しておく．

表 8.8　JIS の試験落下高さ規定（自由落下）

総質量 (kg)	落下高さ (cm)			
	レベルⅠ	レベルⅡ	レベルⅢ	レベルⅣ
10 未満	80	60	40	30
10 以上 20 未満	60	55	35	25
20 以上 30 未満	50	45	30	20
30 以上 40 未満	40	35	25	15
40 以上 50 未満	30	25	20	10
50 以上 100 未満	25	20	15	10

表 8.9　JIS の試験落下高さ規定（片支持稜落下）

総質量 (kg)	落下高さ (cm)			
	レベルⅠ	レベルⅡ	レベルⅢ	レベルⅣ
50 以上 200 未満	50	40	30	20
200 以上 500 未満	40	30	20	15
500 以上 1000 未満	30	20	15	10

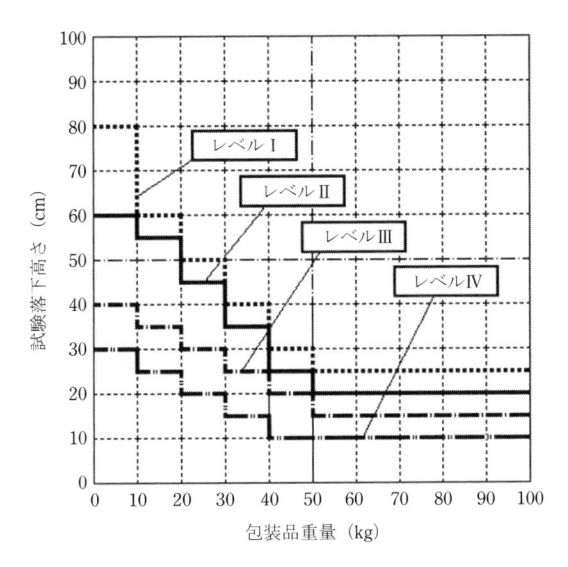

図8.8 JISで規定された包装重量別落下高さ

(b) 落下方向，落下順序と落下回数

落下順序については，従来はJISで規定されていたが，1994年の改訂の際に実態に合わせて，当事者間の話し合いにより，任意の順序で行って良いことに変更された．また落下方向についても，当事者間の話し合いで，任意の方向の試験のみを選択実施することが可能になった．従って現在のJISに記載している落下順序は，あくまでも参考レベルのものである．表8.10に標準的に行われている落下試験の順序を示しておく．

表8.10 落下順序と落下回数規定（直方体容器）

落下順序	落下箇所	回数
1	下面に接する角　　　　　例：2—3—5角	1
2	下面とつま面と接する稜　例：3—5　稜	1
3	下面と側面と接する稜　　例：2—3　稜	1
4	側面とつま面と接する稜　例：2—5　稜	1
5〜10	6面のすべて	6
	計	10

表 8.11 速度変化の値（JIS Z 0200 の附属書 3 表 2）

包装品質量 (kg)	速度変化 (m/s)		
	レベル I	レベル II	レベル III
10 未満	3.96	3.70	3.43
10 以上 20 未満	3.43	3.28	3.13
20 以上 30 未満	3.28	2.97	2.62
30 以上 40 未満	2.8	2.42	1.98
40 以上 50 未満	2.40	2.21	1.98

また，衝撃試験装置を用いて包装貨物の衝撃試験を行う場合の速度変化の大きさについては，表 8.11 のとおり規定されている．

8.3.3 振動試験

(1) 振動試験について

振動試験は，商品の輸送中に，輸送機関（トラック，貨車，船舶，航空機など）の荷台が振動することにより，製品または包装にダメージが生じないよう，十分な配慮がなされているか否かを確認するため，包装品に一定条件の振動を加えて，商品の挙動を確認する試験である．振動によるダメージとしては，共振による製品構成部品の疲労破壊，部品同士の衝突による部品破損，ネジや嵌合部のゆるみ，製品と包装材のこすれによる傷つき，振動に起因する動的荷重の影響による外装箱つぶれなどがあり，落下試験によって生じる製品異常とは，発生する異常の内容が異なっている．

振動試験は落下試験と異なり，使用する試験装置によって実施出来る試験方法が異なっているが，あくまでも実際の輸送の再現を目的として，実輸送と等価な振動を加えることができるように，試験条件を設定することが肝要である．

従来の包装は荷扱いに対する保護レベルを大きくとっていたため，荷扱いに対して十分な保護性を持った緩衝設計を行えば，振動に対しても十分な保護機能のマージンを持った包装が得られる傾向があり，振動試験の重要性が軽視される状況にあった．場合によっては落下試験のみを実施し，振動試験

を省略するといった検査のやり方をしている場合も見受けられた．しかし最近の包装は，衝撃に対する保護性を限界まで押えてきたことにより，振動に対する保護機能のマージンが減少しており，振動試験による保護機能の確認の必要性が増大している．輸送中に貨物が受ける動的な外力の内，荷扱いによる衝撃は全貨物のうちの数％が受けるに過ぎないが，振動は全ての貨物が受けるものであり，振動に対する保護性能が不足している場合，輸送した総ての製品にダメージを与える可能性があるので，振動試験を軽視してはならない．

包装貨物の振動試験に関連する規格は，JIS Z 0200（包装貨物―評価試験方法通則）と JIS Z 0232（包装貨物―振動試験方法）の2種類がある．Z 0200 では，加振レベルと試験継続時間が規定されており，Z 0232 では試験装置の条件が規定されている．なお，ランダム振動試験の規格はこの両方に規定されており，Z 0200 の規定は 1994 年にランダム試験が JIS に導入された時に採用されたもので，試験継続時間と走行距離の関係などが明示されているが，Z 0232 の規定は ISO との整合化のために導入されたもので，試験継続時間と走行距離の関係が記載されていないという問題がある．

(2) 振動データの表示方法

振動試験規格はグラフの形で提示されることが多い．振動試験を理解するためには，このグラフの意味を理解することが必要である．

振動は周波数と振動レベルの関係で表される．振動レベルは加速度，速度，変位の3種類の物理量のいずれかで表される．加速度，速度，変位の間の関係は次式で表すことができる．この関係をグラフ化したものが図 8.9 である．

$$A = (2\pi f)2d, \quad V = (2\pi f)d$$

ここに，A：振動加速度（cm/s²），V：振動速度（cm/s），f：周波数（Hz），d：変位（片振幅）（cm）

図から明らかなように，グラフは縦軸・横軸の他に，右下がり・左下がりの斜め軸で構成されている．横軸は周波数（frequency：Hz），縦軸は速度（velocity：cm/s），右下がりの斜め軸は加速度（acceleration：G），左下がりの斜め軸は片振幅で表した変位（displacement：cm）である．このグラフを利用

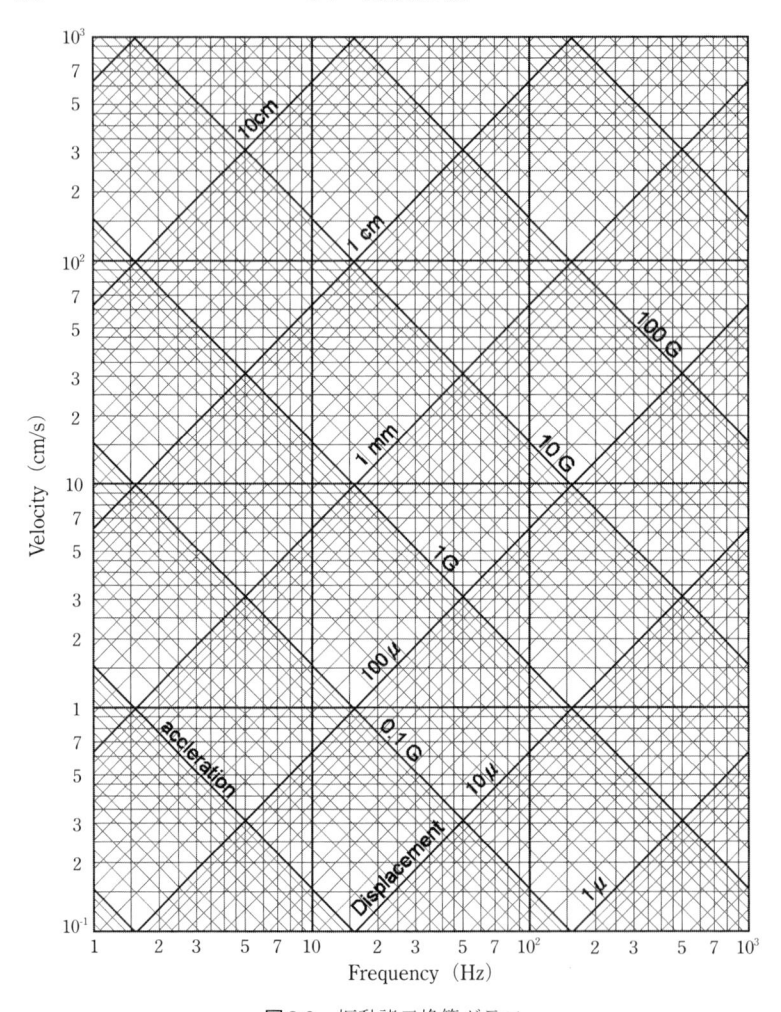

図8.9　振動諸元換算グラフ

すると，加速度で規定された試験規格を変位条件で見るとどうなっているかといった確認が簡単にできる．後で説明するプログラムスイープ加振試験では，このグラフ上に加振条件をプロットして，折れ線グラフの形で表すのが基本である．

　実用的な数値として，10Hzで1Gのとき5mmPP，5Hzで1Gのとき2cmPPなどの数値を覚えておくと，役に立つことが多い．

なお,振動データグラフの横軸は基本的に周波数であるが,縦軸は試験条件などによって加速度,速度,変位のどれが表示されるかが決まっていない.従って振動データグラフを見るときは,縦軸の項目をよく確認しておくことが必要である.

ランダム振動のデータ表示には,上記のグラフと異なったグラフが使用される.ランダム振動は一定の物理量としては表現できないため,縦軸は周波数ごとの振動のエネルギー成分と対応したPSD(Power Spectra Density:パワースペクトル密度)で表示されるのが普通である.PSDの単位はG^2/Hzである.

時には縦軸がデシベル(db)で表されることもある.この場合は$1G^2/Hz$を0dbとして表すのが普通である.

ランダム振動のデータ表示の例として,図8.10にトラック荷台のPSDの例を示しておく.

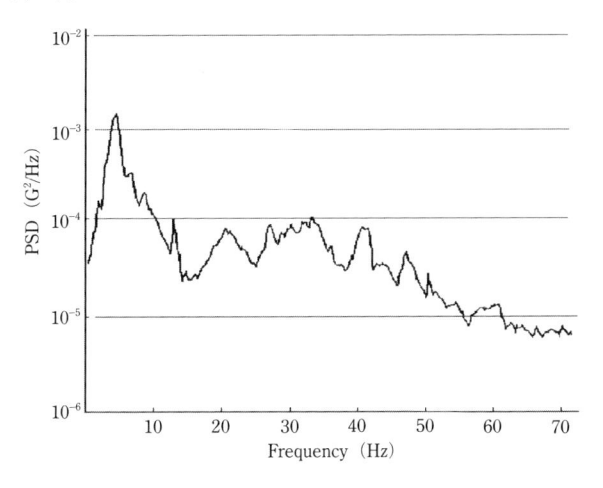

図8.10 トラック荷台の振動特性例

(3) 振動試験装置

振動試験装置の分類の方法はいろいろあるが,大きく分けると機械式,電磁油圧式,電磁式の3通りに分けられる.ただし,このうち機械式振動試験装置は,プログラムコントロールやランダム制御ができないことなど,最近の試験規格の要求事項を満足することができないため,ほとんど利用される

ことはなくなっている．

(a) 電磁油圧式振動試験装置

以前はバルブ式（弁式）振動試験装置といわれる装置も製造されていたが，現在は製造されておらず，油圧式といわれている振動試験装置は総て電磁油圧式振動試験装置である．電磁油圧式振動試験装置は，アクチュエータと呼ばれる油圧量の制御装置を備え，コンプレッサで圧縮された油をアクチュエータで制御してピストンに送りこみ，加振テーブルの往復運動を生じさせる方式を採っている．垂直方向のみ，垂直と水平2方向，3軸方向の各試験装置が市販されている．

電磁油圧式振動試験装置の特徴は，大きな加振力が得られることと，大変位加振が可能なことである．特に変位量に関しては次項の電磁式に比べて遥かに優位にあり，ストロークが200mmPPという大振幅加振装置も稼働している．また，低周波数領域での加振力が大きく，地震波の再現試験装置などはほとんど電磁油圧式が採用されている．

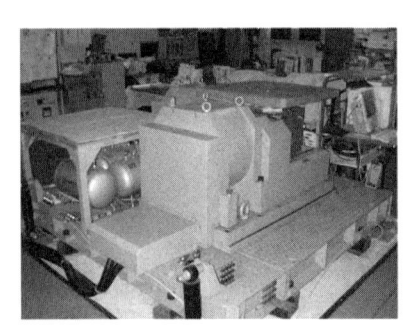

図8.11 3方向同時加振振動試験装置
（図5.9再掲）

しかし一方では，アクチュエータと加振テーブルの間に油パイプが存在し，圧力の伝達遅れを生じるため，加振波形は電磁式に比べて悪くなる傾向がある．変位波形ではノイズはほとんど認められないが，加速度波形ではかなりノイズの多い波形となり，特に周波数の高い範囲（100Hz以上）では，三角波に近い波形となる傾向がある．

(b) 電磁式振動試験装置

電磁式振動試験装置は，加振テーブルに直結した誘導コイルに流す制御電流の量を制御し，ファラデーの法則に従う力を発生させて，加振テーブルを駆動する方式を採用している．簡単にいうと，スピーカのボイスコイルを大形にしたものと表現できる．加振方向については，垂直方向加振のみ，垂直と水平の2方向同時加振，3軸方向同時加振の各試験装置が開発利用されて

いる．

電磁式振動試験装置の特徴は，振動の制御が容易なこと，波形がきれいであることの2点である．特に加速度波形は他のどの方式の振動試験装置よりも優れている．一方，加振力は電磁油圧式に比べると比較的小さく，最大加振力が5ton・G程度までの範囲の装置が主である．また変位についても油圧式に比べて小さく，一般に使用されているものは，最大5.5mmPP程度が多い．

ただし最近では，技術の進歩によりかなり大型の装置も製作されるようになってきている．加振力では15ton・G以上，最大振幅が100mmPP以上という大型の装置が実用化されており，電磁油圧式振動試験装置と比較しても遜色ないレベルのものも現れている．

(4) 振動試験方法

振動試験の方法を加振方法の違いで区分すると，

① 固定周波数加振
② 変位一定正弦波スイープ加振
③ 加速度一定正弦波スイープ加振
④ プログラムスイープ加振
⑤ ランダム加振

の5種類に区分できる．この5種類の振動試験方法の違いは，加振方法の違いにとどまらず，試験品に対するダメージの発生状況もまるで異なったものになる．

①の固定周波数加振試験は単独で行われることは少なく，一般に③の加速度一定正弦波スイープ加振試験と併用して，共振周波数での加振試験として行われることが多い．主に共振周波数での疲労限界確認のために実施される．

②の変位一定正弦波スイープ加振試験は，電磁式振動試験装置が現在のように一般化していない時代に，カム式またはアンバランスマス式の機械式振動試験装置で採用されてきた試験方法であるが，加振周波数が高くなると共に加振加速度も大きくなり，製品に与えるダメージの状況が実輸送とは大きく異なることと，最近は電磁式加振装置や電磁油圧式加振装置が一般化したため，実施されることが少なくなってきており，JIS Z 0232 でも，この試験

方法は規定から削除された．

③の加速度一定正弦波スイープ加振試験は，現在最も多く実施されている試験方法で，JISでも包装貨物の振動試験方法としてこの方法を規定している．ただし，この試験方法では，共振周波数で製品構成部品が繰り返し応力にさらされ，疲労蓄積による製品異常の発生状況が，実際の輸送環境とは異なるため，試験条件の設定には注意が必要である．

④のプログラムスイープ加振試験は，定められた上限下限周波数の間をいくつかの区間に分割し，区間ごとに，加速度，速度，変位のうち1項目が一定となるように条件設定を行ってスイープ加振を行う方法で，電子部品の試験規格や，MILの試験規格に規定されている方法である．③の試験方法の欠点を補う条件設定が可能であるため，多くのメーカーで振動試験規格として採用されている．

⑤のランダム加振試験は最近採用されることが増加してきた試験方法である．実走行中の荷台振動の波形をテープで再現する方法と，ランダム制御装置を用いてパワースペクトル密度（PSD）で規定された振動を加える方法があるが，最近は前者の方法が採用されることはほとんど無くなり，後者の方法が主体になっている．

ランダム加振試験には，一般のランダム加振試験の他，ショック・オン・ランダム加振といわれる，ランダム試験の波形に衝撃的波形を重ね合わせた波形で加振する試験や，ランダム試験の波形に正弦波波形を重ね合わせた波形で加振する，サイン・オン・ランダム試験がある．いずれも，輸送環境に適合させるために開発された試験方法であり，特別な場合の試験条件として採用される．

上記の5種類の試験方法を整理したものを，表8.12に示しておく．

いずれにせよ，ランダム加振試験は，実際の輸送中の荷台振動とほとんど等価な振動を製品に加える試験であるため，試験室レベルでの振動試験として最適な方法である．電磁式，または電磁油圧式加振装置があれば，ランダム制御装置を追加することにより，簡単にこの試験を行うことが出来る．ASTMにはこの試験方法が規格に採用されているし，JISでも1994年の改訂で参考として導入され，1999年の改訂でもそのまま採用され，0200の附属

8.3 試験規格

表 8.12　振動試験方法のまとめ

番号	試験方法	特　　徴	関連規格
1	固定周波数加振試験	単独試験としてはほとんど実施されず，共振点での耐久性確認試験として実施されている．	各メーカーの規格
2	変位一定正弦波スイープ加振試験	輸送環境の再現よりも，耐振動機能の確認のために行われることが多い．	旧 JIS
3	加速度一定正弦波スイープ加振試験	現在最も多く行われている試験方法である．1との組み合わせ実施も多い．	JIS 各メーカー
4	プログラムスイープ加振試験	部品試験などに幅広く採用されている．	MIL 各メーカー
5	ランダム加振試験	輸送環境再現試験として最も優れている．最近ではテープ法はほとんど行われず，PSD 法が主体となっている．	ASTM ISO 等 各メーカー

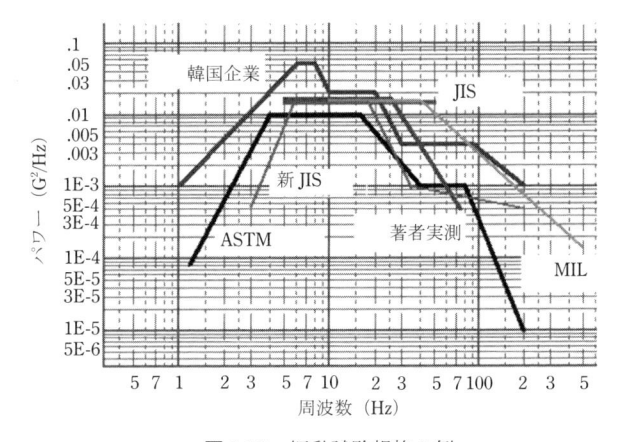

図 8.12　振動試験規格の例

書 3 (参考)「包装貨物の参考評価試験」の項目に記載されている．

JIS とその他の規格で規定されているランダム加振試験の PSD 特性を，図 8.12 に示しておく．

(5) 正弦波加振試験とランダム加振試験の違い

振動試験を正弦波加振で行っていた企業が，ランダム加振試験を導入しようとするとき，最も大きな問題は，正弦波加振試験とランダム加振試験の等価性に関する事項である．ランダム加振の試験規格をどのように設定したら，

従来の正弦波試験規格と等価であるかという質問をよく受けるが，完全な等価性をもって変換を行うことは，実際上不可能なのである．

実際的に可能なのは，試験中に発生する繰り返し応力による材料疲労が等しくなるよう設定することのみで，それ以外の項目については等価性はない．最も大きな違いは，正弦波加振では絶対に生じない事態が，ランダム加振では発生する可能性があるということである．

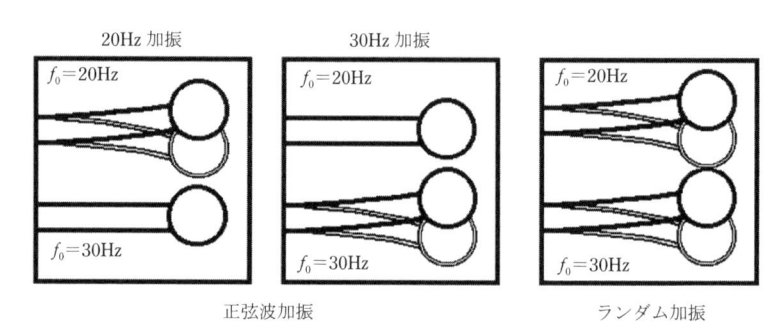

図8.13 正弦波加振とランダム加振の違い

図8.13に示すように，ある製品の内部に共振周波数が20Hzと30Hzであるような部材が存在していた場合，正弦波加振では20Hzの部品だけ，もしくは30Hzの部品だけが振動することになり，両部材がぶつかる可能性はないが，ランダム加振を行うと，両方が同時に振動するため，両部材がぶつかるという事態が生じる可能性が存在するのである．このような状況で発生する事故を再現しようとすると，正弦波加振の場合は，必要以上の大振幅で加振せざるを得ず，実輸送とはまるで異なった異常が発生することが多い．結局，正弦波加振とランダム加振は全く異なった試験なのである．

(6) 段積み加振試験

JISでは包装品の振動試験の方法の1つとして，段積み加振試験が規定されている．段積み加振が必要な理由は，次の2点である．

① 動的圧縮により，倉庫保管時とは異なった状態の包装容器のつぶれが生じる．

② 多段積みによってバネ系が複雑化し，1段の場合と振動応答特性が変化する．

第1点目は，包装容器のつぶれであるが，包装品が倉庫で保管されている場合は，最下段の包装品に，上にあるすべての包装品荷重が加わるが，静的荷重であるため，それ以上の荷重について考慮する必要はない．ところがトラックなどで輸送されている間は，荷台振動により動的な圧縮荷重が加わる．

走行中に荷台が上方向に移動すると，積み重ねられた包装品は全体に上方に跳ね上がり，荷台が下に動くと包装品は小さく落下する．このとき，段ボール箱の弾性により，上部よりも下部の包装品が早く動こうとする．このため，包装品同士はわずかな隙間が空いた状態になり，この状態で荷台が再度上昇すると，荷台が最下段の包装品を突き上げ，中間の包装品が上下の包装品の間で挟まれて，大きな圧縮荷重を受けることになる．

この状況で包装箱に異常が発生する時の特徴として，箱つぶれの発生は最下段ではなく，下から2段目もしくは3段目付近に生じることが多い．この異常については，圧縮試験では再現することが不可能であるため，段積み加振試験で確認するしかない．

第2点目のバネ系の複雑化であるが，多段積みされた包装品は複合バネで支持された状況となるため，複数の共振点を持つことになり，外部振動が加わると複雑な動きを繰り返す．この状況も1段のみの加振試験では再現できない．

JISで多段積み加振試験が規定されている理由は，これらの状況を再現するためであり，可能であれば，包装品の振動試験は多段積み加振試験を行うべきである．

8.3.4 圧 縮 試 験
(1) 圧縮試験について

生鮮食料品や花卉(かき)などを除き，多くの包装された貨物は，流通期間のうちの大半を，倉庫で積み上げられ保管された状況で過ごすことになる．最上段に置かれた貨物以外の貨物は，自分自身より上に積まれた貨物の荷重（積圧荷重という）を支えることになる．包装貨物の耐荷重能力が不足している場合，包装容器や中身の製品変形が生じるのみでなく，保管中の貨物が荷崩れを起こし，転落，落下による製品破損の発生や，人身事故を引き起こす可能

性もある．包装貨物の圧縮試験は，保管中の積圧荷重に対して十分な保護性を持っているか否かを確認するために実施される試験である．

圧縮試験は落下試験や振動試験と異なり，貨物試験として実施される場合と，容器試験として実施される場合（通常，箱圧縮試験と呼ばれている）の2種類の試験を含んでいる．JIS Z 0212には「包装貨物及び容器の圧縮試験方法」として規定されており，貨物試験の場合を方法A，中身の入っていない空の容器で行う場合を方法Bと区分している．一般には包装貨物試験としての圧縮試験よりも，容器試験としての圧縮試験の方が行われることが多い．

図8.14 箱圧縮試験装置の例
（図5.11再掲）

(2) 圧縮試験装置

圧縮試験装置の構造は，平行に設けた，上下2枚の剛性のある圧縮盤を，機械的に一定速度で接近させて圧縮盤の間に置かれた試験品に荷重を加え，計測部で圧縮盤に加わる力の大きさと，圧縮盤の移動距離を測定記録する構造を採っている．最大圧縮荷重の範囲は，500kgから50トン程度までが実用化されている．圧縮試験装置の例を，図8.14に示しておく．

上部圧縮盤の取り付け構造は，中央部一点で懸架支持し，支点を中心に回転可能に構成されたものと，4隅を強制的に保持し，常に下部圧縮盤と平行を保った状態で移動させる構造のものの2種類が実用化されている（図8.15）．中央部支持の場合は，上部圧縮盤が傾くことができるため，箱の4隅の最も弱いコーナー部の強さを測定することになり，4隅等速移動式の場合は，上部圧縮盤は下部圧縮盤と平行を保ったまま移動するため，箱の4隅のうち最も背の高さが高いコーナー部の強さを測定することになる．このため上記2種類の装置のどちらを使用するかで，試験結果に若干の差がでる傾向がある

8.3 試験規格

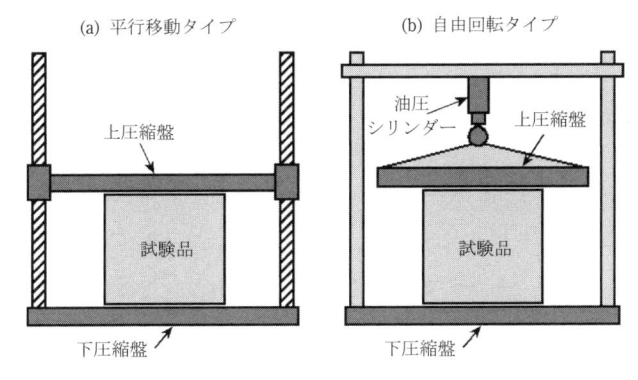

(a) 平行移動タイプ　　(b) 自由回転タイプ

図 8.15　圧縮盤の構造（図 5.12 再掲）

が，両者の差はそれほど大きくないので，どちらの試験装置を使用しても良い．ただし，試験報告書には，試験装置がどちらのタイプであるかを記録しておく必要がある．

また，圧縮試験の規定には面圧縮，稜圧縮，角圧縮の3種類の方法が規定されているが，最近は段ボール包装が主体であるため，面圧縮以外の試験が行われる機会は少なくなっており，稜圧縮，角圧縮のための治具を備えていない試験装置が一般化している．

(3) 圧縮試験方法

段ボール包装貨物の圧縮試験を行う場合は，前処置を行うのが基本である．前処置の方法は，8.3.1 項に記載した方法により行うが，条件としては通常Gの条件（23℃，50%RH）が採用される．前処置の時間は，24時間以上が必要である．

前記のとおり，圧縮試験には，包装容器の圧縮試験と包装貨物の圧縮試験という2種類の方法が規定されている．包装容器の圧縮試験は，中身の入っていない空の包装容器だけで，どの程度の荷重を支えることが出来るかを確認するために行う試験で，本章の対象範囲を外れるので内容は省略する．

包装貨物の圧縮試験は，JIS Z 0212 に方法Aとして規定されている．圧縮試験装置を用いて，包装品に所定の荷重を加え，異常が発生しないか否かの確認を行う．所定の荷重としては，（積段数−1）×（包装品の質量）×安全余裕 (K) が一般に採用されている．パレット積載が前提の場合は，パレット

の重量を加える必要がある．安全余裕としては，1.2 程度の値が採用されることが多い．

　包装貨物の圧縮試験には上記した圧縮試験装置を利用して，短時間で圧縮強さを測定する試験方法の他に，積み段数に対応した所定の荷重を加えて一定期間放置し，所定期間終了後の包装と製品の異常発生の有無を確認する積み重ね荷重試験があり，この方法は附属書に規定されている．

　この試験には，圧縮試験装置を利用することも可能であるが，適当な重錘を包装品の上部に載せる方法で試験されることが多い．圧縮試験装置を利用する場合は荷重変動が生じるが，試験期間中の荷重変動は 4% 以内と規定されている．

　試験実施時の圧縮速度（クロスヘッドスピード）は，包装外観に生じた異常を確認しながら実施する必要があるため，箱圧縮の場合と異なり 1mm/s 程度のゆっくりした早さで実施する．試験中に外観異常が確認されたら，その時点で圧縮を中止して内容品に異常が生じていないかどうかをチェックする．異常が生じていなければ試験を継続し，あらかじめ設定した荷重に到達するまで，もしくは，製品異常が生じるまで荷重を加える．

(4) クリープ試験

　包装貨物のクリープ試験の場合，包装貨物が保管時に加えられるのと同じ状況で荷重を加えて，そのときの挙動を確認する必要がある．そのため，次のような方法で試験を行うのが適切である．

① 試験品は 1 段のみでなく，上部に上段の包装容器の底部と緩衝材を載せ，緩衝材の上に重錘支持板を置き，さらにその上に不足分の重錘を載せて試験を行う．これは緩衝材の受圧部の形状の影響で，特性が変化するのを避けるためである．（図 8.16）

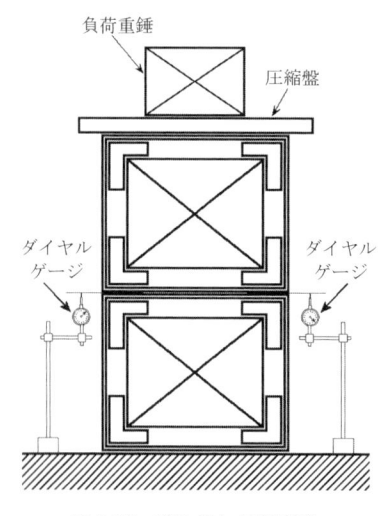

図 8.16　積み重ね圧縮試験

② 包装貨物の変形の状況を確認するため，包装貨物の4隅の寸法変化をダイヤルゲージなどを用いて，連続計測する．可能であれば，製品変形が生じる可能性が大きい場所（製品側面など）について，ひずみゲージを使用したひずみ計測を行い，製品の変形を連続して計測し，変形の進行状況を把握しておくことが望ましい．

③ 以上の準備が整ったら，あらかじめ定めた温度サイクルに従って，環境温度を変化させ，包装の状態を観察する．試験はあらかじめ定めた期間（通常は2か月程度が多い）継続実施する．

参 考 文 献

1) 長谷川淳英：緩衝包装設計と包装貨物試験，日刊工業新聞社(2007)
2) 日本規格協会：JIS ハンドブック　包装(2008)
3) JIS Z 0200「包装貨物―評価試験方法通則」(1999)
4) JIS Z 0201「試験容器の記号表示方法」(1989)
5) JIS Z 0202「包装貨物―落下試験方法」(1994)
6) JIS Z 0203「包装貨物―試験の前処置」(2000)
7) JIS Z 0212「包装貨物及び容器の圧縮試験方法」(1998)
8) JIS Z 0232「包装貨物―振動試験方法」(2004)
9) 長谷川淳英：包装貨物の圧縮試験，日本包装学会誌，Vol.15, No.3(2006)
10) 長谷川淳英：包装貨物の落下試験，日本包装学会誌，Vol.15, No.4(2006)
11) 長谷川淳英：包装貨物の振動試験，日本包装学会誌，Vol.15, No.5(2006)

索　引

ア　行

圧縮応力	3
圧縮荷重	1
圧縮試験	157
圧縮試験装置	158
圧縮速度	160
圧縮ひずみ	3
圧電型加速度センサ	62
rms	33
易損性	21, 55
易損度	56
位置エネルギー	11
イベントトリガ計測	87
イベント発生位置計測	90
異方性材料	50
運動エネルギー	11
運動方程式	12
永久ひずみ	5
SRS→衝撃応答スペクトル	
S-N 曲線	40
エネルギー保存則	11
FFT→高速フーリエ変換	
LCA	48
オイラーの関係式	26
応答衝撃スペクトル	19
応答波	17
応答倍率	66
応力	3
応力-ひずみ図	4
温湿度	91, 101
——の精度	139
温度の影響	63

カ　行

解析可能な周波数範囲	89
外装箱	129
——の緩衝効果	130
ガウス分布	33
角周波数	13, 26
角振動数	26
角速度	25
確率密度関数	34
荷重分担包装	68
加速度	12, 149
——の発生頻度分布	95
加速度一定正弦波スイープ加振試験	154
加速度実効値	98
加速度センサ	60, 85, 93
——の等価質量	61
——の取り付け	61
加速度分布	97
片支持落下	143
片振幅	149
角部	113
角落下	144
環境への影響	48
環境変化要素	131
緩衝機能	44, 46
緩衝係数	7, 104
緩衝効率	7
緩衝材	6, 80
——の厚さ算出	107
——の LCA	48
——の環境への影響	48

——の限界厚さ	110	固定機能	44, 46
——の衝撃吸収特性	103	固定周波数加振試験	153
——の初期厚さ	8	固有周期	22
——の設計	44	固有振動数	17, 97, 128
——の残り厚さ	108	転がし試験	134
——のひずみ-応力特性	7		
——のひずみ特性	103	サ 行	
——の必要厚さ	104, 105	最大応力-緩衝係数線図	103
緩衝設計	43, 103	最大許容加速度	21, 56
緩衝設計計算	51	最大ひずみ量	108
		最適受圧面積	81
逆位相	31	サンプリングレート	83, 84, 89
共振	31, 128		
共振周波数	66, 97, 128	G_{rms} 値	97
強制加振	68	G–H 換算法	94
強制振動	29	試験品の外装	82
強度特性	45, 55	試験品の固定方法	60
極値頻度分布	96, 97	試験品の載置方法	59
		試験用ダミー	79
矩形波	17, 56	試験落下高さ	146
組み合わせ試験	135	JIS	133
クリアランス	45, 113, 129	包装貨物試験	132
繰り返し荷重試験	40	前処置	138
繰り返し特性(耐衝撃)	80	実効値	33
グリニッチ標準時	91	実走行試験	134
クリープ試験	70, 71, 160	自動化包装ライン	51, 129
クロスヘッドスピード	160	GPS	90
		G ファクター	8, 56
経過頻度分布	96, 97	受圧可能部分	45
激動試験	134	受圧面	113
限界加速度	21, 56	受圧面積	45, 81, 113
限界速度変化	56	——の算出	107
減衰係数	27, 29	——の配分	115
減衰固有振動	29	周期	26
減衰振動	29	重心位置	115
減衰率	29	自由振動	27
		集中荷重	2
合成加速度	92	周波数	26, 149
高速フーリエ変換	38	周波数分解能	89
枯渇資源	49	自由落下	143
コストの最小化	49	自由落下試験	15

索　引

瞬間最大ひずみ	108
常温試験	138
衝撃易損性	21
衝撃応答スペクトル	16, 19, 21
衝撃加速度	21
衝撃吸収特性	103
衝撃記録装置	78
衝撃作用時間	13, 17
衝撃試験装置	57, 142
衝撃データの解析	92
衝撃伝達経路	56
衝撃伝達率	18
衝撃波形	56
衝撃パルス	17, 56
衝突速度	14
諸外国の主な規格	134
初期位相角	26
ショックアブソーバー	23
ショック・オン・ランダム	97
ショックトリガ計測	87
振動	25, 127
振動易損性	39
振動計測	85
振動計測システム	85
振動試験	40, 134, 148
振動試験装置	67, 151
振動数	26
振動数比	31
振動データの解析	95
振動データの表示方法	149
振動伝達率	30
振動特性	55, 65
振動の過酷度	96
振幅	26
垂直応力	3
スイープ振動	67
スペクトル解析	38
静荷重	1
正規分布	33, 97
成形緩衝材	116
正弦波	26
正弦波加振試験	155
正弦半波	13, 17, 56
生産ラインの自動化	51
脆弱箇所	61
脆性破壊	64
静的応力	108
——と固有振動数の関係	128
静的応力-最大加速度線図	103, 105
静的応力-瞬間最大ひずみ線図	103, 106
静的感度(センサ)	93
静的特性	104
静的要素	131
製品異常の判定	63
製品の強度特性	45, 55
製品のクリープ試験	70, 71
製品の限界加速度	57
製品の限界速度変化	57
製品の振動特性	65
製品の耐圧縮強さ	68
製品の耐衝撃強さ	55
積圧荷重	68, 157
積載効率	47
線形バネ-質量系	11
せん断荷重	1
走行速度	98
——と G_{rms} 値	99
速度	149
速度変化	13, 56
底付き	108
——の対策	111
塑性	5
損傷境界曲線→DBC	
損傷度	39

タ　行

耐圧縮強さ	55, 68
耐圧縮強さ試験	70
対角落下	145

索引

耐衝撃強さ	21, 55, 56
——の試験回数	63
——の試験方法	64
——の測定方法	57
タイムタリガ計測	87
ダイヤルゲージ	71, 161
対稜落下	145
打痕試験	134
縦弾性係数	4
縦ひずみ	4
ダメージバウンダリーカーブ→DBC	
単振動	25
弾性	4
段積み加振試験	156
単独試験	135
蓄積エネルギー	12
調質	138
調湿	138
調和解析	38
DBC	24, 65
適正受圧面積	108
適正応力値	108
デジタル温湿度計	91
デジタルサンプリング	82
デジタル衝撃記録計	79, 82
データマッチング(衝撃記録計)	91
電子式衝撃記録計	78, 87
電磁式振動試験装置	152
電磁油圧式振動試験装置	152
伝達加速度	21
伝達率	66
転倒試験	134
同位相	31
等価落下	20
等価落下試験	79
動的荷重	148
動的特性	104
動的倍率	19
動的要素	131
等分布荷重	2
等方性材料	50
突起	106, 111
トラック輸送	84
トリガレベル	83, 84

ナ 行

荷扱い中の衝撃	77
荷台振動	33, 75, 84, 97, 127
——の測定箇所	85
入力加速度	21
入力波	17
ねじり荷重	1
粘性減衰系	27
——の強制振動	29
粘性摩擦	27

ハ 行

波形面積換算法	93
箱圧縮試験	158
箱圧縮試験装置	69
破損限界加速度	56
発生予想加速度	108
発泡プラスチック系材料	48
発泡ポリエチレン	80
バネ定数	11
パルプ系緩衝材	138
パルプ系材料	48
パワースペクトル密度	38
半正弦波→正弦半波	
反発係数	15, 94
反発速度	14
PSD→パワースペクトル密度	
PSD解析	67, 89, 96
PSDチャート	38
引きずり試験	134
ひずみ	3
ひずみ-応力曲線	6
ひずみ-応力線図	103, 105

ひずみ計測	71, 161	包装貨物落下試験装置	141
ひずみゲージ	71, 161	包装試験規格	46
ひずみゲージ型加速度センサ	62	包装設計	103
ひずみ特性	103	包装の固有振動数	128
引張応力	3	包装ライン	129
引張荷重	1	保管効率	47
引張強さ	5		
引張ひずみ	3		

マ 行

標準状態(温湿度条件)	139	前処置	138
標準ウエイト	80	曲げ荷重	1
標準正規分布	34		
標準偏差	33	面落下	144
疲労損傷	39		

ヤ 行

不規則振動	33	ヤング率	4
複素振幅	27		
フック式落下試験装置	142	有効作用時間	19
フックの法則	4	輸送環境	75
踏み付け試験	134	輸送環境調査	75
fragility→易損性		輸送コスト	47
プラスチック緩衝材	138		
フーリエ級数	35	容器包装リサイクル法	49
フーリエ係数	35	横ひずみ	3
フーリエ展開	35		
フーリエ変換	35, 38		

ラ 行

プリトリガ	83	落下回数	147
フリーフォール解析	92	落下試験	140
フレーム長	83, 84	落下試験基礎	142
プログラムスイープ加振試験	154	落下試験装置	141
分散	33	落下姿勢解析	94
分布荷重	2	落下順序	147
分布質量系	21	落下衝撃	11, 75
		落下高さ	8, 146
変位	149	——の換算	79
変位計測	71	落下高さ解析	14, 84, 92
変位-静荷重曲線	6	落下方向	147
		——の解析	94
ポアソン数	4	落下方向推定	79
ポアソン比	4	ランダム加振試験	154, 155
包装貨物試験	46, 131	ランダム振動	34, 38, 67, 97, 151
——の関連規格	132	——の自乗平均	39

離散化	36	臨界減衰係数	29
稜部	113		
稜落下	144	レイリー分布	35, 97
臨界減衰	29		

輸送包装の基礎と実務

2008年9月25日　初版第1刷　発行

執筆者　斎藤勝彦
　　　　長谷川淳英
発行者　桑野知章
発行所　株式会社 幸書房
〒101-0051 東京都千代田区神田神保町 3-17
TEL 03-3512-0165　FAX 03-3512-0166
Printed in Japan 2008 ©　　http://www.saiwaishobo.co.jp

組版：デジプロ／印刷：平文社

無断転載を禁ずる．

ISBN978-4-7821-0320-3　C3056